TEMA 61

LA SALUD Y LA ENFERMEDAD. EVOLUCIÓN DEL CONCEPTO DE SALUD. LAS ENFERMEDADES DE NUESTRO TIEMPO. LAS DROGODEPENDENCIAS. ESTILOS DE VIDA SALUDABLES.

0. INTRODUCCIÓN

Con los conocimientos actuales, puede aceptarse fácilmente que el ser humano mantiene sus propiedades vitales en un amplio rango de situaciones físicoquímicas. Evidentemente, entendido como sistema molecular, el cuerpo humano se encuentra más o menos cercano al equilibrio químico (la muerte), por lo que podría establecerse una escala cuantitativa que nos indicara el grado de cercanía y tendría numerosísimos subestados.

Este es un planteamiento muy poco útil. Ya que lo que interesa a las personas (y a la medicina, como actora capaz de modular la tendencia) no es esta cuantificación de su pérdida de salud o de vida sino otras cuestiones de índole más práctica: "¿me encuentro bien? ¿tengo fiebre? ¿presento algún síntoma específico?"... La salud y la enfermedad son, pues, conceptos pertenecientes al ámbito coloquial, al ámbito de la acción médica,... y no pueden ser consideradas como acepciones puramente científicas y cuantificables.

En este tema, ahondaré en estos conceptos, hablando también de la organización mundial de la salud y su visión global de la salud. Finalmente, también hablaré de las enfermedades más comunes o conocidas y de las drogodependencias. Éste es el orden que seguiré... (es muy conveniente exponer con claridad, aquí al principio, el orden que se va a seguir, leer el índice de una forma ágil)

1

1. LA SALUD Y LA ENFERMEDAD

Como todo concepto amplio, la definición de los términos salud y enfermedad admite numerosos enfoques. Históricamente, ambos conceptos se han definido como antagónicos, definiéndose cada uno de ellos como la ausencia del otro. Una de las múltiples definiciones de la OMS plantea un concepto ideal de la salud como "un estado de bienestar completo, físico, psíquico y social y no solamente la ausencia de enfermedad o invalidez". Se trata de un concepto según el cual nadie gozaría hoy en día de buena salud.

Todos los individuos presentamos desviaciones respecto a este concepto. Éstas no han de entenderse siempre como situaciones patológicas. Evidentemente, aunque el lenguaje coloquial, e incluso la jerga médica, permiten gran flexibilidad en estos términos, no es lo mismo hablar de patología (enfermedad como por ejemplo la hepatitis aguda) que de un estado fisiológico especial (como por ejemplo la hipermetropía o el astigmatismo). Es preferible emplear la idea de *diversidad de estados fisiológicos* que la idea de *normalidad / anormalidad*.

2. EL INFORME ANUAL DE LA OMS

(texto adaptado mínimamente de la web oficial de la OMS)

El Informe sobre la salud en el mundo, publicado por vez primera en 1995, es la principal publicación de la OMS. Cada año el informe combina una evaluación de la salud mundial a cargo de expertos, incluidas estadísticas sobre todos los países, con el análisis de un tema concreto.

La finalidad principal del informe es proporcionar a los países, los organismos donantes, las organizaciones internacionales y otras entidades la información que necesitan para ayudarles a tomar decisiones de política y de financiación. El informe se hace llegar también a un público más amplio, desde universidades, hospitales docentes y escuelas, pasando por los periodistas, hasta el público general, en definitiva, a cualquier persona interesada profesional o personalmente en la salud internacional.

El Informe sobre la salud en el mundo 2007 recibe el título de *"un porvenir más seguro. Protección de la salud pública mundial en el siglo XXI"*. Este informe marca un hito en la historia de la salud pública y señala lo que podría ser uno de los mayores adelantos realizados en medio siglo para alcanzar la seguridad sanitaria. Muestra algunos riesgos crecientes que corre el mundo, como brotes de enfermedades, epidemias, accidentes industriales, desastres naturales y otras emergencias de salud que pueden convertirse rápidamente en amenazas para la seguridad sanitaria mundial. El informe explica que el Reglamento Sanitario Internacional revisado (2005), en vigor desde el presente año, ayuda a los países a colaborar para identificar los riesgos y actuar para contenerlos y controlarlos. El Reglamento es necesario porque ningún país, independientemente de su capacidad o riqueza, puede protegerse de brotes y demás riesgos sin la cooperación de otros. El informe señala que un porvenir más seguro es posible, y que constituye tanto una aspiración colectiva como una responsabilidad recíproca.

3. LAS ENFERMEDADES DE NUESTRO TIEMPO

Expondré a continuación algunos datos relevantes de algunas de las enfermedades más comunes de nuestro tiempo.

3.1. La malaria

La malaria esta causada por protozoos del género Plasmódium y es la casa de mortalidad y morbilidad a nivel mundial. Estos parásitos tienen un ciclo de vida complejo en el que atraviesan uno o varios vertebrados y emplean un mosquito como vector de trasmisión.

El primero que vio parásitos en un paciente de malaria fue el cirujano francés Laveran. Un oficial médico británico destinado en la India (Ronald Ross) fue el primero que describió que los mosquitos trasmitían la malaria. Posteriormente, un profesor italiano (Grassi) demostró que la malaria en humanos sólo podía ser trasmitida por el mosquito *Anopheles*. Todas estas aportaciones tuvieron lugar hacia el fin del siglo IX.

En datos de 2004, la incidencia de esta enfermedad se sitúa entre 350 y 500 millones de casos. Cerca de dos mil millones de personas (casi el cuarenta por cien de la población mundial) viven en zonas de riesgo para el contagio de esta enfermedad. El número de nuevos casos se ha estimado en 1,1 a 1,3 millones/año.

La malaria se distribuye ampliamente en las zonas tropicales y subtropicales, encontrándose la mayoría de los casos en los países del África Subsahariana y otras zonas como India, Brasil, Afganistan, Sri Lanka, Tailandia, Indonesia, Vietnam, Camboya y China.

Esta enfermedad es responsable aproximadamente del 25% de las muertes en niños menores de 5 años en África. En zonas de clima más templado y, sobre todo, de un mayor desarrollo económico (Europa Occidental y USA) las medidas de sanidad pública han alcanzado con éxito la práctica eliminación de esta enfermedad, centránd6se sus esfuerzos actualmente en la erradicación en los países más pobres.

3.2. El SIDA

(EN ESTE APARTADO CONVIENE CITAR LO EXPUESTO EN EL TEMA 62 – APARTADO 4: INMUNODEFICIENCIAS, NO OBSTANTE, DEBERÍA HACERSE EN VERSIÓN RESUMIDA. COMO REFLEXIÓN INTERESANTE, PUEDE CONCLUIRSE CON ALGUNAS IDEAS COMO LAS QUE COMENTO A CONTINUACIÓN. PROVIENEN DE UN COMENTARIO DE PRENSA A UN ARTÍCULO DE "The Lancet", PRESTIGIOSA PUBLICACIÓN MÉDICA BRITÁNICA. REPORTO A CONTINUACIÓN LAS PRINCIPALES IDEAS DE DICHO ARTÍCULO → EL MUNDO, 1/12/2007. *Diez mitos y una verdad sobre el VIH en África*).

Comenta como falsas, o no fundadas en evidencia científica suficiente, las siguientes afirmaciones (citadas casi textualmente). Normalmente, muchas de ellas se aceptan como ciertas en muchas instancias, incluso se recogen en los temarios de biología de la enseñanza secundaria.

El VIH se propaga como un fuego sin control. Según el artículo de Lancet, esto "Generalmente no es así". El VIH es altamente contagioso durante las primeras semanas de la infección, cuando los niveles de sida son elevados; pero no así en las siguientes semanas cuando la infección entra en una fase más inactiva. De hecho, cada año, sólo el 8% de las personas cuya pareja heterosexual está infectada se acaba contagiando.

La prostitución es el problema. No parece ser abundante el uso de sexo pagado en las zonas de mayor incidencia de SIDA.

Los hombres son el problema. *"El comportamiento masculino, incluyendo las relaciones intergeneracionales y el sexo sin consentimiento contribuyen sustancialmente al establecimiento de la epidemia en algunas regiones"; sin embargo, una epidemia heterosexual requiere también que algunas mujeres tengan más de un compañero sexual simultáneamente.* Parece ser que, en un elevado porcentaje de parejas, sólo la mujer es seropositiva.

Los adolescentes son el problema. *Las epidemias generalizadas afectan a todas las edades reproductivas,* advierte el texto. *"Y aunque las chicas adolescentes se contagian a través de las relaciones sexuales con hombres mayores, las estadísticas muestran que la incidencia de VIH femenino aumenta a partir de los 20 años. En el caso de los chicos se contagian incluso a edades más tardías".* Por eso señala que las campañas dirigidas a los jóvenes, incluidas las que propugnan la abstinencia, tendrán una utilidad limitada.

La pobreza y la discriminación son el problema. *Parece que la infección por VIH en África es más frecuente entre ricos que entre pobres, aunque la pobreza puede aumentar la frecuencia de algunos comportamientos de riesgo.*

Los preservativos son la respuesta. *"El uso de preservativos es crucial para contener la epidemia concentrada y puede proteger a algunos individuos, especialmente a quienes trabajan en el negocio del sexo",* afirma el artículo, *"pero tendrán un impacto limitado a nivel global".*

La prueba del VIH es la solución. *Saber si uno es portador del virus debería llevar a cambiar ciertos comportamientos, pero la evidencia demuestra que esto no es así,* constata el texto. *No sólo harían falta años para que estos cambios de conducta sean efectivos y surtan efecto, sino que quienes acaban de infectarse, es decir, aquellos con mayor capacidad para propagar el sida, no dan positivo en las pruebas hasta que transcurre cierto tiempo.*

El tratamiento es la solución. La terapia reduce la carga viral y las posibilidades de contagio. No obstante, es muy posible que, al sentirse medianamente recupreados, los pacientes retomen sus habituales prácticas de riesgo.

La tecnología es la solución. Pese a los recursos invertidos en el tratamiento de la enfermedad, éstos tardarán aún mucho tiempo en surtir efecto.

Los comportamientos sexuales no cambiarán. *"Ante la perspectiva de una enfermedad mortal la gente cambia",* asegura contundente el autor. Es una reacción espontánea de temor.

Tras exponer estos mitos sobre la pandemia, Shelton concluye muy claramente que **la prioridad debe centrarse en las múltiples parejas sexuales**, uno de los principales motores de la epidemia y un factor de riesgo de contagio no siempre reconocido como tal. *"A menudo, la limitación del número de compañeros sexuales ha sido un tema descuidado. Bien por causa de las guerras culturales entre los partidarios del preservativo y los de la abstinencia, porque tiene un aire de moralina, porque los programas han priorizado otras cuestiones o porque a la mayoría de profesionales médicos este tipo de cambios masivos de conducta les son ajenos".* El autor considera que la más mínima reducción en esta costumbre, disminuiría mucho la expansión de la enfermedad.

3.3. El cáncer

Según datos de la OMS, de diciembre 2007...

- en 2005, de 58 millones de defunciones, 7.6 fueron debidas al cáncer

- de las muertes por cáncer, más del 70% ocurren en países con ingresos económicos per cápita medios o bajos. En estos lugares, la prevención, diagnóstico y tratamiento no son tan eficientes como en otros lugares

- está previsto un incremento de las muertes debidas a esta amplia enfermedad (9 millones en 2015, 11.4 millones en 2030,...)

El **cáncer** proviene siempre de una **alteración en alguno de los puntos de control del ciclo celular**, lo que lleva a una tasa descontrolada de división de ciertas células. Puede estar desencadenado por ciertas infecciones víricas, por otras causa genéticas o por factores externos (nicotina, benzopirenos,... y una larga lista de productos químicos, que se han visto relacionados con el desarrollo de la patología).

Ciertas tendencias que se muestran en estudios epidemiológicos requerirían alguna reflexión por parte de los responsables de la salud pública. Por ejemplo, la incidencia (en 2007) de los cánceres provocados por agentes infecciosos ha sido mucho mayor en países pobres (26%) que en países ricos (8%). En estos prevalecen otros tipos de cáncer (próstata, pulmón, colon y mama). Mientras que en las zonas pobres los más frecuentes son pulmón, estómago, hígado y cuello de útero. Puede ahondarse más sobre los datos estadísticos del cáncer en VALERIO. M (2007).

4. LAS DROGODEPENDENCIAS

4.1. Generalidades

Denominamos **droga, fármaco o medicamento** a cualquier sustancia química capaz de alterar el funcionamiento del cuerpo a nivel bioquímico con una finalidad no nutricional.

El consumo incontrolado o indebido de drogas genera problemas psiquiátricos de diversa índole. Estas sustancias pueden ser drogas o fármacos empleados de un modo diferente al prescrito.

Según la intensidad y duración del consumo de drogas, podemos hablar de **diferentes estados del paciente**:

- **dependencia**, cuando el paciente necesita consumir la sustancia en cantidades cada vez mayores a o intervalos más cortos. Pese a los problemas sociales, familiares, laborales,... que conlleva, el paciente no es capaz de abandonar el consumo.

   o dependencia **psíquica**, cuando el paciente se ve inclinado al consumo y su impedimento le provoca malestar conductual, sin que ello venga asociado a ningún tipo de alteración física de su cuerpo

   o dependencia **física**, cuando se ha creado un vínculo tan fuerte entre el paciente y la sustancia que romper esta relación provocaría la desestabilización de algunos parámetros físicos del paciente (frecuencia cardiaca, tensión arterial, tasa de liberación de glutamato en encéfalo,...) que podría ser letal

- **abuso**, cuando la sustancia se consume de forma repetida pese a dar lugar al incumplimiento de obligaciones, problemas de tipo legal, o potencial peligro de sus consumo. Se trata de un estado que no va acompañado de síndrome de abstinencia.

- **intoxicación**, cuando la ingestión de drogas provoca una serie de síntomas que son reversibles porque no ha transcurrido aún mucho tiempo. Diversas sustancias pueden llevar a cuadros clínicos casi idénticos

- **abstinencia**, se da cuando una persona dependiente de una droga reduce drásticamente su consumo o lo elimina. Los síntomas de este estado varían para cada sustancia, pero para varias se repite un malestar importante asociado a problemas en la actividad laboral y social

Los **consumidores de drogas**, desde que empiezan hasta que desarrollan dependencia física, pasan por una serie de **fases de consumo**:

- **uso experimental**, generalmente entre grupos de compañeros, se emplea la droga como una diversión y, muy frecuentemente, este consumo refuerza la necesidad psicológica de desafiar a los padres u otras figuras de autoridad.

- **consumo habitual**, el individuo abandona sus obligaciones socio-laborales con más frecuencia, le preocupa perder el suministro de droga, emplea esta sustancia como un sucedáneo de felicidad para apartar sentimientos negativos, empieza a apartarse de la familia y amigos habituales, a los que cambia por otros más afines a su nuevo hábito.

- **preocupación diaria**, le falta motivación, pierde interés por el estudio y el trabajo, se notan cambios importantes en su comportamiento. Su preocupación, que se antepone al resto de intereses, es el consumo de drogas. Este interés se antepone incluso a las relaciones más personales, transformándose en una persona de comportamiento misterioso. Muy habitualmente, para asegurar el consumo, se recurre a la venta de drogas, lo que le pone en contacto con sustancias más fuertes, y aumenta la intensidad del círculo vicioso.

- **dependencia**, se dan dos circunstancias, la primera que el individuo es incapaz de realizar sus actividades habituales sin droga y, la segunda, que continuamente niega este problema. Su condición física queda deteriorada y el consumo se hace totalmente descontrolado. Entra en una necesidad vital que afecta a la legalidad, la economía, las relaciones, su propia estima de la vida (trata de suicidarse en ocasiones),...

Existen varios programas de tratamiento de este tipo de trastornos. Se basan en estrategias muy variadas (tratamiento en régimen residencial, tratamientos psicoterapéuticos, tratamientos farmacológicos para reducir el síndrome de abstinencia,...)

Diversas iniciativas a distintos niveles (legislativo, policial, publicitario,...) se encaminan actualmente a evitar tanto el consumo de drogas como su comercialización y tráfico. No obstante, algunas drogas, como el alcohol, el tabaco y la cafeína suelen ser legales en la mayoría de lugares en ámbitos externos a la medicina. En algunos estados (por ejemplo, Holanda) se permiten ciertos usos de la marihuana, los derivados del cáñamo y los hongos psicotrópicos.

Para clasificar las drogas según la intensidad de sus efectos negativos, se empleó en el pasado una terminología que hablaba de drogas duras (la cocaína, las anfetaminas y los opioides, como heroína y morfina) y blandas (cannabis). Se trata, de todas formas, de una nomenclatura que ya ha entrado en desuso. Actualmente, se emplean clasificaciones basadas en sus efectos farmacológicos, en criterios legislativos, su carácter adictivo/no adictivo, su acción molecular, su proceso de síntesis química…

4.2. El alcohol

Los efectos del etanol en el cuerpo varían según una serie de circunstancias (simultaneidad de la ingesta de alimentos, hidratación general del cuerpo, ejercicio físico,…). Sus efectos son progresivos. En una primera fase produce sensación de relajo y cierto placer, que desencadena, un poco más tarde en descoordinación motora y problemas de visión. Si el consumo ha sido excesivo, puede aparecer la inconsciencia e incluso el coma etílico y la muerte (concentraciones superiores al 0.5% en sangre son mortales para un buen porcentaje de personas). La muerte puede ser también causada por una obstrucción de la tráquea por el vómito, estando el paciente inconsciente.

A nivel molecular, en el cerebro, el etanol provoca un incremento de la secreción de dopamina y endorfinas (lo que lleva a cierto estado de placer momentáneo). Por otra parte, estimula canales de potasio BK y los receptores de GABA (en este caso, incluso modulando su tasa de expresión génica), desencadenando un efecto secundario de depresión funcional general.

4.3. Cafeína

Se trata de una molécula heterocíclica de dos anillos, del grupo de las xantinas (en el que encontramos otras moléculas estimulantes como la teofilina o la teobromina). La encontramos en buenas concentraciones en los frutos de la planta de café (*Coffea sp.*), en la planta de té (*Camellia sinensis*), en la yerba mate (*Ilex paraguariensis*), y en las bayas de guaraná (*Paullinia cupana*). En baja concentración puede encontrarse en el cacao (*Theobroma cacao*), la nuez de kola (*Cola sp.*), y en medio centenar de plantas más. Este compuesto (o muy similares) forma parte de los refrescos de cola, el café, el té, otras bebidas energéticas, siendo posiblemente la droga psicoactiva más consumida del mundo.

Como efecto común de la cafeína es la estimulación general del sistema nervioso central y del cuerpo en general, restaurando efectos propios de la estimulación simpática.

En exceso, puede derivar a un estado de intoxicación caracterizado por insomnio, nerviosismo, excitación, enrojecimiento facial, hiperdiuresis y alteraciones gastrointestinales. Si esta situación es muy aguda, pueden producirse contracciones musculares involuntarias, arritmia cardiaca,... Como parámetro farmacológico de peligrosidad, señalar que tiene una LD_{50} estimada de 10 g, equivalente a unas 51 tazas de café.

A nivel molecular, la cafeína actúa inhibiendo las fosfodiesterasas y, por tanto, incrementando indirectamente los niveles intracelulares de AMP_c. De este modo, quedan estimuladas todas las acciones de este segundo mensajero.

4.4. Cocaína

Se trata de una sustancia de estructura compleja (con un anillo aromático unido mediante enlace éster a un sistema heptacíclico) y cuya fórmula molecular es $C_{17}H_{21}NO_4$.

Se extrae de las hojas de la planta de coca, originaria de Sudamérica. Entre especies, subespecies y variedades, existen unos 12 tipos de esta planta (*Erythroxylum coca coca, E. coca ipadum, E. novogranatense novogranatense, E. novogranatense truxilliense,...*), que era empleada desde tiempos antiguos por los indígenas para paliar el cansancio, hambre, sed, algunos dolores, mareos como el mal de altura,...

En realidad, la coca presente en las hojas no reviste los efectos típicos de la cocaína (alucinaciones, adicción, modificación de la expresión génica de receptores,...). Es la combinación de la coca con un derivado del petróleo lo que da lugar a una droga de estas características, que es la que se comercializa de forma ilegal.

La forma más común de cocaína (el clorhidrato o polvo de cocaína), se disuelve en agua, y puede ser inyectada en vena o absorbida por mucosa nasal. Otra forma menos común (la base libre, no transformada en sal) se puede fumar, ya que no se descompone como la anterior.

Para su venta comercial (clandestina) la cocaína se presenta usualmente como un polvo blanco, fino y cristalino. Los que trafican con ella suelen adulterarla con diversos compuestos inertes (maicena, talco, azúcar común...) o con ligera actividad farmacológica (procaína, metanfetamina,...)

Cabe señalar que la cocaína tiene un margen amplio de intoxicación, pudiéndose emplear, en pequeñas cantidades, para usos médicos como anestesia local.

Molecularmente, actúa estimulando la secreción de dopamina. Su efecto principal es una estimulación del sistema nervioso central, que puede durar desde 20 minutos hasta horas, dependiendo de la dosis. Se manifiesta por hipreactividad, aumento de la frecuencia cardiaca y la presión sanguínea, llegándose finalmente a un estado de euforia general.

Como efectos adversos, señalar que la cocaína aumenta el riesgo de sufrir trombosis, derrame cerebral e infarto de miocardio, acelera los procesos de arterioesclerosis y provoca alteraciones mentales en la mayoría de los adictos. Tras la euforia por ingesta de cocaína, muchos pacientes experimentan una fuerte depresión, acompañada de ansiedad por un nuevo consumo. Este mecanismo (que no sólo es psicológico sino también actúa a nivel de la expresión génica de los receptores) es la vía hacia una dependencia de la droga. En casos especiales, tras un consumo muy prolongado, puede darse la la denominada locura dermatozóica, en la que el paciente está convencido de que los insectos se mueven debajo de su propia piel.

Por otro lado, aspirar la cocaína puede inducir lesión de las membranas nasales, fumarla daña las vías respiratorias y la inyección reviste gran peligro por la alta probabilidad de sobredosis. La dosis mortal de cocaína, en inyección intravenosa única, es de un 1 gramo aproximadamente.

4.5. LSD

El término LSD proviene del alemán *Lysergsäure-Diethylamid* "dietilamida de ácido lisérgico". Químicamente, se trata de una molécula de 4 ciclos, algunos de ellos aromáticos, con una ramificación de tipo amida. Su fórmula molecular es $C_{15}H_{15}N_2CON(C_2H_5)_2$.

Macroscópicamente es un compuesto cristalino, muy fácilmente sintetizable a partir de los alcaloides del cornezuelo del centeno. Es una de las sustancia psicotrópica más potentes conocidas (tras el DMT y la Salvinorin A). En líneas generaes, produce alteraciones de conciencia comparables a estados de crisis esquizofrénica. Es una droga que se caracteriza, entre otras cosas, por actuar a dosis muy bajas.

Los efectos secundarios del LSD no son muy evidentes. Parece que no deja aparentemente secuelas, salvo un refuerzo de los síntomas propios de otras alteraciones psíquicas en pacientes que ya las tenían.

Puede emplearse en medicina, por ejmplo, en el tratamiento de migrañas. Su acción molecular se centra en los receptores de serotonina.

4.6. Cannabinoides

Se trata de drogas psicoactivas provenientes de la planta del cáñamo (Cannabis sativa). La principal de estas sustancias es el THC (tetrahidrocannabinol, un heterociclo aromático de tres anillos), siendo el resto (cannabinol, cannabigerol, cannabicromeno, cannabiciclol,...) menos frecuentes. Algunas de estas sustancias tienen usos médicos, como la delta-9-THC, empleada para paliar los vómitos tras quimioterapia anticancerosa.

El THC libre o marihuana, para mostrar sus efectos, ha de ser internalizado (inhalado o ingerido) en dosis superiores a 10 mg por kg de peso corporal. Su efecto principal es la provocación de un estado de alienación o ebriedad (de 2 o 3 horas de duración). Junto a este efecto buscado hay numerosos efectos secundarios no deseados como la pérdida de capacidad psicomotriz, la pérdida de memoria,... Muchos estudios refuerzan en la actualidad la idea de pérdida de conexiones nerviosas y muerte neuronal asociada al consumo de cannabinoides en general.

Otro cannabinoide muy frecuente es el hachís (del árabe حشيش *hashish* "hierba", también llamada *chocolate, polen* o *costo*). Se obtiene a partir de los tricomas de la flor del Cannabis. Sus efectos del hachís, son iguales que los de la marihuana, aunque hay que tener en cuenta que el hachís suele venderse en estado más adulterado.

Se está avanzando en el estudio de la dependencia física generada por cannabinoides, si bien los resultados aún no aportan una relación concluyente.

4.7. Éxtasis y otras anfetaminas

El **éxtasis** (3,4-metilendioximetanfetamina o MDMA) es una droga no natural con propiedades estimulantes y empatógenas. Su fórmula química es $C_{11}H_{15}NO_2$ y es un heterociclo de dos anillos con una cadena lateral con un grupo amina secundaria.

Su efecto empatógeno es el más característico. Se trata de una sensación subjetiva de identificación afectiva con el otro que suele tener connotaciones de tipo sexual, aunque esto último no es del todo cierto. Otros efectos son gran dilatación de las pupilas, pérdida de control de los músculos oculares (que vibran al fijarse en un punto), pérdida general de sensibilidad (incluso de sensaciones internas como la sed), aumento de la temperatura corporal, hipertensión y pérdida de control de los músculos del maxilar inferior.

Su acción molecular parece provocar el aumento de los niveles de algunos neurotransmisores (especialmente serotonina y, en menor grado, dopamina y adrenalina).

Como efectos secundarios, varios estudios muestran retraso en la neurogénesis, en particular en el proceso de frontalización (desarrollo del neocórtex frontal). Otro efecto es la depresión generada tras la depleción completa de las reservas de serotonina. Este efecto suele paliarse mediante el uso de antidepresivos del tipo de los inhibidores de recaptación de serotonina, tales como la fluoxetina.

Entre otras anfetaminas, destacaré la l-anfetamina, un agonista adrenérgico, potente estimulante del sistema nervioso central. Otras sustancias de este tipo serían el metilfenidato, el dexmetilfenidato, algunos anorexígenos (fenproporex, dietilpropión, fentermina, benzfetamina, fendimetrazina...)

La l-anfetamina estimula el sistema nervioso central aumentando los niveles de alerta y la capacidad de concentración, favoreciendo la memoria, la atención. A su vez, reduce los niveles de impulsividad (en este sentido ha sido empleada como fármaco anti-obesidad). Finalmente. Al ser un agosnista adrenérgco, presenta efectos periféricos similares a los provocados por el sistema simpático.

Entre sus usos no terapéuticos se emplea a veces para aguantar varias noches sin dormir, para generar ciertos estados de euforia,... suele inhalarse en polvo. Entre sus efectos secundarios, además de todo lo citado anteriormente, tenemos la vista borrosa, vómitos, ataques de ansiedad, insomnio prolongado más allá del efecto deseado en principio, con el consiguiente riesgo psíquico.

4.8. Nicotina

Es un compuesto orgánico bicíclico con fórmula $C_{10}H_{14}N_2$, extraído de la planta del tabaco (*Nicotiana tabacum*). Su nombre se debe a un científico, Jean Nicot, quien introdujo el tabaco en francia en 1560.

Es el principal compuesto presente en el humo del tabaco que tiene efectos en sistema nervioso. La nicotina entra en el cuerpo a través de la piel, la mucosa buconasal o los alveolos pulmonares.

Su acción molecular se basa en la unión a los receptores de acetilcolina del sistema nervioso autónomo, la corteza adrenal, la placa neuromuscular y el cerebro.

En el sistema nervioso central estimula funciones como la vigilancia, alerta y otros procesos cognitivos.

La dependencia creada por esta sustancia es alta y desvincularse de su consumo se asocia a estados de irritabilidad y nerviosismo extremo. No obstante, existen en la actualidad numerosas técnicas que ayudan psicológica y terapéuticamente en este proceso.

4.9. Drogas opioides

El opio deriva del látex de la adormidera (*Papaver somniferum*). Además del opio, esta planta contiene numerosos alcaloides (morfina –entre el 10 y el 15%-, codeína, tebaína, narcotina, papaverina,...)

Un derivado químico de la morfina (la diacetilmorfina o heroína) es una droga muy adictiva y su uso está prohibido en la mayoría de países del mundo. Podríamos decir que es el opioide de acción más rápida. Normalmente se vende en forma de polvo blanco o marrón, o como una sustancia negra pegajosa conocida como "goma" o "alquitrán negro".

Su consumo provoca alucinaciones, y vómitos. En dosis muy altas puede llevar a la parada cardiorespiratoria.
La morfina se emplea como anestésico, analgésico, tratamiento particular del dolor derivado de isquemia cardiaca y otros dolores agudos.

5. CONCLUSIÓN

La salud y la enfermedad son conceptos muy amplios y no pueden entenderse desde un punto de vista puramente científico.

Existen organizaciones internacionales (como la OMS) que evalúan el estado de salud de las personas desde una perspectiva global y desarrollan planes en los que se marcan líneas de actuación tanto generales como particulares. Esto es lo que han tratado de explicar los dos primeros apartados de mi exposición.

Posteriormente, he pasado a comentar tres de las principales patologías de nuestro mundo: la malaria, al SIDA y el cáncer.

Para concluir, he señalado los rasgos principales del abuso de consumo de ciertas sustancias químicas y he pasado a describir individualmente los principales grupos. Con ello, doy por terminada mi exposición.

Bibliografía útil:

ESCOHOTADO, A. (2003) "Historia elemental de las drogas", 1ªed, Ed. Anagrama

JAUREGUI REINA, J.A., SUÁREZ CHAVARRO, P. (2004) "Promoción de la salud y prevención de la enfermedad. Enfoques en salud familiar", 2ªed, Ed. Panamericana

LUCIO, C.G. (2007) "Los mitos de la medicina al descubierto", EL MUNDO, 21/12/2007

SAPOLSKI, R. (2006) "Pobreza y enfermedad", Investigación y Ciencia, Nº353

TUTEJA, R. (2007) "Malaria- an overview", FEBS Journal, 274, 4670

VALERIO, M. (2007) "Siete millones de muertes y doce millones de casos, las cifras del cáncer en 2007", EL MUNDO, 17/12/2007

0. INTRODUCCIÓN

Los organismos pluricelulares (las personas, entre ellos) han desarrollado un medio interno con unas condiciones de temperatura, nutrientes e hidratación idóneas, que se convierte en el paraíso deseado por numerosos microorganismos. Cuando la existencia del organismo pluricelular se ve dificultada por la presencia del unicelular, hablamos de patología. Existen mecanismos sutilísimos que aseguran el reconocimiento y destrucción de lo ajeno, preservando lo propio (todo un arte, si consideramos la similitud química de todo el mundo vivo). Este reconocimiento específico es parte, pero no el todo, de los mecanismos de defensa desarrollados por el sistema inmunitario. A la descripción de este sistema y su funcionamiento dedicaré mi exposición, que estructuraré según el siguiente orden... (es muy conveniente exponer con claridad, aquí al principio, el orden que se va a seguir, leer el índice de una forma ágil)

1. SISTEMA INMUNITARIO: CONCEPTOS GENERALES

Podríamos definir la **inmunología** como aquella parte de la medicina o de la biología que se encarga del estudio de los mecanismos de defensa del organismo frente a agentes potencialmente peligrosos.

El cuerpo humano tiene una serie de células, órganos de fabricación y maduración, señales químicas,... que componen lo que se denomina **sistema inmunitario**. ¿De qué está compuesto, en líneas generales, este sistema? Me centraré en dos aspectos: sus células y sus órganos.

1.1. Células del sistema inmunitario

Voy a presentar, de una forma breve, los principales agentes celulares que participarán en los mecanismos de defensa del cuerpo humano. Lo haré basándome en su proceso de síntesis.

Todas las células del sistema inmunitario se originan a partir de unas células denominados células madres hematopoyéticas. Se trata de células muy poco diferenciadas, pluripotenciales, presentes tanto en médula ósea de adultos como en el hígado fetal, principales lugares de fabricación de las células sanguíneas.

En la médula ósea, estas células se dividen dando lugar a dos células madre, la propia de la línea mieloide y la propia de la línea linfoide.

A partir de la célula madre mieloide, pueden originarse seis posibles líneas de células, que derivarán en los siguientes productos:

- **megacariocitos**, que darán lugar a **plaquetas**

- una misma línea de la que se originan **basófilos** (que se quedarán en la sangre) y **mastocitos** (que migrarán a los tejidos)

- **eosinófilos** (que se quedan en la sangre)

- **monocitos**, que durante su estancia en la sangre sufren una serie de transformaciones en su desarrollo y se convierten en **macrófagos**, capaces de migrar al interior de los tejidos

- **neutrófilos** (que permanecerán en sangre)

- **células dendríticas** (esta última línea no se sabe con certeza si deriva de la célula madre mieloide, directamente de la célula madre hematopoyética o a partir de otro precursor diferente)

A partir de la célula madre linfoide, se originan tres líneas celulares, que darán lugar a los siguientes productos:

- **linfocitos B** que, al abandonar la sangre y entrar en los tejidos se transforman en **células plasmáticas**

- los **linfocitos T** que pueden ser de dos tipos
    - **linfocitos T citotóxicos (T_c)**
    - **linfocitos T auxiliares o *helpers* (T_h)**

- los linfocitos asesinos (**células NK**, del inglés, *natural killer*)

1.2. Órganos del sistema inmunitario

Existen dos órganos implicados en el desarrollo inicial del sistema inmunitario. Se trata de la médula ósea y del timo. Los denominamos órganos primarios. En la médulo ósea, como se ha comentado, se originan todas las células sanguíneas, y maduran los linfocitos B. En el timo acaban de madurar los linfocitos T.

Existen otros órganos y tejidos en los que se produce otros procesos de maduración de las células de defensa. Se trata del bazo, los ganglios linfáticos dispersos por todo el cuerpo y las masas de tejido linfoide asociado a mucosas (MALT, según las siglas inglesas), ejemplos de este último tipo serían las placas de Peyer (en la pared del intestino), las amígdalas y las glándulas adenoides (en la zona cefálica), o el apéndice (en el ciego intestinal).

2. LAS DEFENSAS NO ESPECÍFICAS

Los microorganismos que tratan de acceder al cuerpo humano encuentran una serie de impedimentos cuya forma o mecanismo no depende del tipo de agente infeccioso. Son acciones que consiguen, de forma inespecífica, reducir el riesgo de infección.

2.1. Impedimentos físicoquímicos

La primera barrera ante el exterior suele constituirla la **piel**. De entrada, se trata de un material impermeable por su elevado contenido en queratina. Adicionalmente, existen algunas sustancias secretadas por la piel con propiedades antibióticas, como por ejemplo las defensinas, unas proteínas pequeñas (~15-20 aa's) que conservan un esqueleto básico formado por 6-8 cisteínas. Algunos estudios han relacionado niveles bajos de defensinas en piel con una mayor incidencia de acné.

La presencia de **lisozima** en muchas secreciones (lágrimas, mucosidad, saliva,...) dificulta la infección desde mucosas. Esta enzima, descrita por Alexander Fleming en 1922, acelera la hidrólisis de los enlaces O-glucosídicos entre los monómeros que forman el peptidoglucano, impidiendo la constitución de la pared bacteriana.

Numerosas enzimas presentes en los fluidos gastrointestinales (ver tema 52) así como los cambios bruscos de pH que experimentan, provocan la muerte de muchos agentes infecciosos.

La elevación de la temperatura corporal (fiebre) es otro mecanismo inespecífico muy frecuente. Tan sólo un par de grados pueden comprometer muy notablemente la velocidad de replicación de algunos patógenos.

Otro mecanismo consiste en la eliminación de recursos que sean esenciales para la replicación del patógeno. Una acción curiosa de nuestro cuerpo en este sentido es la reducción de los niveles de hierro en sangre al detectar una infección cualquiera.

2.2. Competencia entre invasores y flora autóctona

Los recursos son limitados. Nuestro cuerpo aprovecha esta circunstancia. Favorece el establecimiento de ciertos microorganismos que no le resultan patogénicos y estos reducen el acceso al alimento de los microorganismos recién llegados.

Paralelamente, algunos de los miembros de esta flora bacteriana autóctona producen sus propias herramientas químicas en orden a conservar en exclusiva su territorio. Son conocidas las colicinas, proteínas fabricadas por E.coli, que se unen específicamente a receptores muy comunes de numerosas células microbianas, provocando la muerte por su capacidad de crear poros en la membrana o por su actividad nucleasa.

2.3. La activación del sistema de complemento

Se trata de una serie de reacciones en cadena que acaban con la muerte del agente patógeno. Puede iniciarse en respuesta a una reacción específica antígeno anticuerpo (vía clásica) o mediante la detección de ciertos polisacáridos comunes en la pared de numerosas bacterias (vía alternativa). Esta última es la que corresponde exactamente al apartado de defensas no específicas, que estamos tratando.

En ambos casos, se confluye en un punto, la fragmentación de la proteína C3 del complemento en 2 porciones: C3a, que quedará en la fracción soluble y estimulará la respuesta inflamatoria, y C3b, que activará una larga serie de proteínas del complemento (C5, C6, C7, C8 y C9) que formarán una estructura en forma de poro, capaz de insertarse en la membrana del agente atacado (MAC, del inglés "Membrane Attack Complex"). Esta estructura, provoca la muerte del patógeno por dos mecanismos:

- permite la entrada de agua → lisis por aumento de volumen

- permite la entrada de calcio (Ca^{2+}) → inducción de apoptosis

2.4. Reacción inflamatoria

Se trata de una especie de "llamada" dirigida a las células del sistema inmunitario, para que aumenten su concentración en una zona determinada.

Numerosas células (mastocitos, plaquetas, basófilos) secretan sustancias proinflamatorias en respuesta a señales inespecíficas indicadoras de posible peligro. Las plaquetas liberan serotonina, los mastocitos histamina y los basófilos, histamina y leucotrienos.

En resumen, la acción inflamatoria tiene tres consecuencias:

-   vasodilatación local y aumento de la permeabilidad vascular. Esto facilita el acceso de los agentes inmunitarios y se manifiesta externamente con los signos clásicos de una inflamación, expresados en la frase de Celso, ya en el siglo I, indicando que en toda inflamación hay "Rubor et tumor cum calore et dolore". Son el enrojecimiento, la hinchazón, el aumento de temperatura y el dolor los signos típicos de este proceso.

-   atracción de células de defensa (macrófagos, linfocitos, neutrófilos), lo que se consigue por acción del fragmento C3a del complemento, la interleukina-1 y la histamina.

-   vasoconstricción a ambos lados de la zona de peligro (conseguida por acción del TNF-α). Con esto...

    o   se evita su diseminación

    o   se permite su drenaje linfático y se estimula la proliferación de las células de la defensa específica en los órganos linfoides secundarios

2.5. Acción de las células asesinas (NKₛ)

Se trata de células que, convenientemente activadas, presentan un elevado poder citotóxico y muy poquita especificidad, por lo que pueden actuar como agentes de defensa inespecífica en condiciones especiales. Suelen ser células muy abundantes en los procesos de control inmunitario del crecimiento de tumores.

2.6. Acción de fagocitos convenientemente activados

Se trata de una acción que habría que situarla en el borde de la respuesta específica e inespecífica, porque muchos de estos fagocitos necesitan la opsonización (recubrimiento con anticuerpos) de la presa para destruirla por fagocitosis. Pero también pueden actuar indiscriminadamente en respuesta a señales de inflamación vertiendo su contenido citotóxico a la zona inflamada.

Son los eosinófilos (típicos de infecciones parasitarias) y los neutrófilos polimorfonucleares (más abundantes y de acción más genérica, contra bacterias, hongos,...).

3. LAS DEFENSAS ESPECÍFICAS

Es una respuesta mediada principalmente por linfocitos. Podemos distinguir básicamente dos tipos de acciones: la respuesta celular (llevada a cabo por linfocitos T) y la respuesta humoral (desarrollada por anticuerpos fabricados por linfocitos B).

La respuesta específica (o adaptativa, porque "se adapta" o "depende de" el tipo de patógeno) tiene las siguientes características. Conviene, además de citarlas, reflexionar en la sutileza y complejidad de los mecanismos que puede conseguir un sistema de estas características:

- especificidad → se ataca al patógeno concreto, reconocido normalmente a partir de un fragmento de unos pocos aminoácidos o residuos glucídicos de su superficie, y el resto de células circundantes no son afectadas por estos mecanismos citotóxicos que, en ocasiones, son muy agresivos

- tolerancia → pese a que se puede organizar una respuesta intensa a partir del reconocimiento de millones y millones de estructuras diferentes pertenecientes a agentes patógenos o extraños, nunca se produce el reconocimiento de ninguna de las estructuras propias de las células del cuerpo (salvo en el caso de patologías atoinmunes)

- memoria → si se ha organizado un evento defensivo encaminado hacia un determinado patógeno, su reincidencia tendrá una respuesta mucho más rápida

En este apartado 3, donde convenga según el enfoque de la redacción, hay que comentar mínimamente los detalles estructurales básicos de los anticuerpos (herramientas clave en el proceso),, así como sus tipos. El discurso básico contendría las siguientes ideas

SOBRE LA ESTRUCTURA
- cada anticuerpo está formado por dos cadenas pesadas y dos cadenas ligeras
- suelen representarse en forma de Y, aunque su estructura 3D presenta variaciones importantes respecto a este patrón

SOBRE LOS TIPOS
Hay 6 tipos de anticuerpos o inmunoglubulinas (Ig)
- IgM, actúan como pentámeros. Son las que actúan en el primer contacto con el patógeno
- IgG, las más abundantes, que desempeñan la mayoría de funciones que se citan en el texto
- IgA, actúan como dímeros. Están distribuidas las superficies del cuerpo
- IgE, relacionadas con alergias e infecciones por parásitos
- IgD, es quizá una denominación antigua de lo que hoy conocemos como BCR (es decir, anticuerpos monoméricos unidos a la membrana de linfocitos B)

Los agentes celulares que dirigen esta respuesta son los linfocitos, pero interaccionan con muchas otras células para llevarla a cabo. Vamos a ver de qué forma el cuerpo humano prepara a los linfocitos para ser capaces de una respuesta tan detallada y, finalmente, trataré de explicar algunos rasgos de esta acción concertada de todas las células del sistema inmunitario.

3.1. ¿Cómo maduran los linfocitos T?

En estado aún inmaduro, migran desde la médula ósea al timo. Allí adquieren unos receptores específicos (**TCR**, de "*T-cell receptors*").

Este receptor servirá para detectar antígenos específicos. Por lo tanto, **cada TCR será diferente y cada linfocito T sólo fabricará TCR de un tipo**. El reconocimiento del antígeno se ha de producir en un entorno molecular (o estructural) muy especial. Los TCR **no reconocen el antígeno soluble sino sólo si este viene "presentado por otra célula"**. Estas células (que pueden ser macrófagos, células dendríticas,...) se agrupan bajo el nombre de "**células presentadoras** de antígeno". El antígeno es presentado dentro de una proteína de mayores dimensiones denominada **complejo mayor de histocompatibilidad**, de los que se conocen dos tipos principales (**MHC-I** y **MHC-II**, expresados según sus siglas inglesas).

En el timo, se añaden también a la membrana de los linfocitos unas proteínas que ayudan a la formación del complejo de reconocimiento entre antígeno y TCR en el entorno de un MHC. Se denominan correceptores y pueden ser de dos tipos: CD4 y CD8. Así, los linfocitos T, se clasifican como:

- CD4+ (son los linfocitos T_H o auxiliares). Reconocen el antígeno presentado sobre MHC-II. Podemos diferenciar dos subpoblaciones:

    o T_H-1 → segregan citoquinas, con las que se activan macrófagos y linfocitos Tc (que veremos a continuación)

    o T_H-2 → activan linfocitos B y algunos linfocitos T

- CD8+ (son los linfocitos T_c o citotóxicos). Reconocen el antígeno, normalmente presentad de forma directa por la célula infectada o tumoral, en el entorno del MHC-I. Tras reconocerlo, destruyen dichas células mediante lisis directa (creación de poros e introducción de enzimas hidrolíticas) o por inducción de la apoptosis

3.2. ¿Cómo maduran los linfocitos B?

Acaban de madurar en médula ósea (como curiosidad, comentar que en aves existe un órgano secundario en el que se completa la maduración de los linfocitos B, es la Bolsa de Fabricio. Por esta razón se les denomina "B") y su maduración consiste en la fabricación de anticuerpos que quedan unidos a membrana (denominándose BCR, de "*B-cell receptors*"). Estos BCR permiten el reconocimiento específico del antígeno (en este caso sin necesitar el entorno de un MHC) y éste provoca la transformación de los linfocitos B en células plasmáticas, productoras de anticuerpos que, ahora sí, se vierten a la fracción soluble.

De nuevo, indicar que cada linfocito B produce BCR de un solo tipo.

3.3. ¿Cómo son capaces los linfocitos de reconocer a todos los patógenos?

La fabricación de anticuerpos y de TCR depende de unos genes formados por miles de exones. Durante su desarrollo se produce una recombinación genética, como una especie de *"splicing alternativo directamente sobre ADN"*, que deja a cada célula marcada. De hecho, cuando contamos en nuestras clases que todas las células del cuerpo contienen una copia completa del genoma, excepto las germinales, no es cierto. Los linfocitos maduros tienen su genoma modificado, más corto. Han generado una combinación de fragmentos y han desechado el ADN sobrante. A partir de ese momento sólo sabrán fabricar un tipo de anticuerpo.

Dada la gran cantidad de combinaciones fruto de esa recombinación genética, si a ello le sumamos las aportaciones del splicing alternativo clásico y otras modificaciones genómicas finas que ocurren durante la maduración de linfocitos, la variedad de anticuerpos y TCR es muy elevada y engloba la gran diversidad de fragmentos moleculares que el cuerpo encontrará y reconocerá como extraños durante toda su vida.

Es este un buen lugar para explicar cómo adquiere el sistema inmunitario su capacidad de tolerancia hacia las estructuras del propio organismo. Es sencillo. Durante su maduración, cuando ya fabrica sus anticuerpos o su TCR específico, cada linfocito es sometido a un proceso de presentación de antígenos del propio cuerpo. Durante este periodo, que dura unas semanas, aquellos linfocitos que detectan con gran afinidad algún antígeno, son detectados y eliminados.

En el sistema inmunitario maduro, la acción será justo al revés. Aquellos linfocitos que detecten algo con elevada afinidad, serán potenciados, proliferados a gran velocidad y, en pocos días, serán muy abundantes. Es lo que ocurre durante el periodo de incubación de las enfermedades. Una vez llegados a este punto, la respuesta defensiva del cuerpo humano es muy específica y contundente.

3.4. La respuesta adaptativa, en conjunto

Este apartado (y en general todo el tema) está muy bien explicado en las páginas 430-431 del libro de Bruño de Biología 2° de bachillerato (Panadero, J.E, 2003, ver bibliografía). Puede recurrirse a esta fuente para clarificar las ideas resumidas que expongo a continuación.

El **primer paso** de esta respuesta consiste en **seleccionar aquellos linfocitos que reconocen específicamente al patógeno**. Así, como ya se ha comentado...

- los linfocitos T$_H$ reciben el antígeno en el entorno del MHC-II de macrófagos y otras células presentadoras

- los T$_C$ en el MHC-I las células infectadas o tumorales

- los B, directamente desde cualquier patógeno, exclusivamente con los BCR sin necesitar el concurso de ningún MHC. Adicionalmente, estas células internalizan los antígenos detectados y los exponen en superficie mediante MHC-II, actuando como células presentadoras para linfocitos T_H.

El **segundo paso** consiste en **hacer proliferar a estos agentes que reconocen específicamente la infección**. Hay dos tipos de acciones, una más independiente (la proliferación de los linfocitos B seleccionados y su transformación en células plasmáticas, con una tasa alta de producción de anticuerpos solubles) y otra que afecta a más procesos: la activación de los T_H.

Cuando el linfocito T_H ha reconocido con especificidad al antígeno de MHC-II, suceden una serie de acciones...

- los macrófagos presentadores sacan a la membrana plasmática la molécula B7, que se une al receptor CD28 de los T_H y estimula su división

- el mismo efecto tienen algunas moléculas fabricadas por los macrófagos interleuquina-1 (IL1) e interleuquina-6 (IL6)

- los propios T_H producen IL2, que también tiene un papel activador

A partir de este momento, los dos grupos de linfocitos T_H señalados en el apartado 3.1 tienen acciones diferentes

- los T_H-1 activan a los T_C al liberar IL2, IFN-α y TNF-β

- los T_H-2 activan a los linfocitos B al liberar IL4, IL5, IL6 e IL10

El **tercer paso** consiste en la culminación del ataque al organismo patógeno. Podríamos resumirlo en dos efectos...

- el recubrimiento del patógeno con anticuerpos (opsonización). Esto inactiva al patógeno, bien bloqueando su acción, o facilitando su reconocimiento por fagocitos específicos, o bien activando la vía clásica del sistema de complemento

- la muerte celular, por lisis o por apoptosis, efectuada por los linfocitos Tc

4. LAS INMUNODEFICIENCIAS

La inmunodeficiencia es un estado en el que el sistema de defensa funciona por debajo de su capacidad normal y es, por tanto, incapaz de proteger al organismo ante ciertas o muchas infecciones. Este tipo de patologías pueden ser puede ser primarias (congénitas) o adquiridas.

Hay unos 80 tipos descritos actualmente (2007) de inmunodeficiencias de origen genético. Normalmente se trata de caracteres recesivos o, en un buen número de casos, ligados al cromosoma X. Si el defecto es muy concreto, pueden aplicarse soluciones como la introducción de anticuerpos específicos o el tratamiento prolongado con algunos antibióticos. Actualmente hay algunos intentos de solución a estas patologías mediante trasplante de células estaminales.

Las inmunodeficiencias secundarias o adquiridas pueden deberse a muchas causas...

- la edad
- el tratamiento prolongado con algunos fármacos
  o los empleados para frenar enfermedades autoinmunes (metotrexato, ciclosporina, adalimumab, D-penicilamina, azatioprina, sales de oro,...)
  o antimaláricos (cloroquina, hidroxicloroquina,...)
  o propios de quimioterapia antitumoral
- ciertos tumores de médula ósea
- algunas infecciones crónicas
- infección con el virus de la inmunodeficiencia humana (VIH) que lleva al desarrollo del Síndrome de la InmunoDeficiencia Adquirida (SIDA).

Centraré el resto de mi explicación en este último caso, por ser el que tiene una incidencia mayor y por su relevancia social. Lo haré respondiendo a una serie de preguntas concretas.

4.1. ¿Cuándo empezó a detectarse el SIDA?

En los archivos de la Enfermería Real de Manchester (Inglaterra), puede encontrarse lo que posiblemente es el primer caso reportado de un paciente de SIDA. Ingresó en 1959, en este centro médico, un marinero inglés que había estado en la marina desde 1955 a 1957 (no está claro si durante ese periodo fue a África o no). Exponía que había estado durante dos años con unas extrañas lesiones en la piel. Hacia la Navidad de 1958 su condición empeoró, presentando un cuadro clínico peculiar (dificultad respiratoria, fatiga, pérdida de peso, fiebre, sudoración intensa durante la noche,...) Fue diagnosticado de tuberculosis y tratado al efecto, para prevenir, ya que no se le encontraron indicios de la bacteria de esta enfermedad. Murió en Agosto de 1959, detectándose en la autopsia una infección por citomegalovirus y una neumonía por *Pneumocystis carinii*, dos infecciones muy extrañas en aquel tiempo y muy frecuentes en los pacientes actuales de SIDA.

Hay textos que citan un caso de SIDA en el Congo en 1959. No obstante, lo único que podría decirse al respecto es que en muestras de sangre de una persona, recogidas aquel año en lo que sería la actual Kinshasha (capital de la República Democrática del Congo), se ha encontrado el VIH-1. No podríamos asegurar si esta persona desarrolló la patología.

Hay otro caso, en Haití, en 1959, que según parece murió de SIDA y, posteriormente encontramos 5 casos (en 1969, la familia entera de un marinero noruego, 3 personas, y un joven de 15 años, de origen africano, en el hospital de San Luis en USA; en 1977 un cirujano danés que había trabajado en el Congo a principios de los 70) en los que se conocen los síntomas y se ha verificado la presencia del virus en muestras de sangre conservadas.

En USA, lugar donde saltó la alarma a principios de los 80, parece que esta enfermedad entró proveniente de Haití, en 1966, portada por una sola persona, y se fue extendiendo (esto sugieren estudios genéticos muy recientes, 2007).

El inicio oficial de la epidemia del SIDA tuvo lugar el 5 de Junio de 1981 cuando el Centro de Control y Prevencion de las Enfermedades, de USA, publicó, en su sumario semanal, la extraña coincidencia de 5 casos de neumonía causada por *Pneumocystis carinii*, en 5 hombres homosexuales de Los Ángeles. En los siguientes 18 meses, surgieron varios casos similares por todo el estado, acompañados frecuentemente de Sarcoma de Kaposi. En Junio de 1982, se detectó otro brote importante entre homosexuales en el sur de California, sugiriendo la existencia de un agente infeccioso trasmisible por vía sexual. Pronto empezó a verse que la infección estaba presente en otros colectivos, como hemofílicos, adictos a drogas de inyección intravenosa, inmigrantes de Haití,... En Agosto de 1982 se le otorgó el nombre de SIDA y se consideró una infección de primer orden en cuanto a su potencial peligrosidad.

4.2. ¿Cómo se detectó el agente infeccioso?

En Mayo de 1983, el grupo de Luc Montaigner, del Instituto Pasteur de París, publicó el descubrimiento de un nuevo retrovirus a partir de ganglios linfáticos. Apuntaron la sospecha de que se trataba del virus del SIDA.

Justo un año más tarde, Robert Gallo (desde USA), refirió un descubrimiento similar, bajo las mismas sospechas. En Enero de 1985, un considerable número de estudios mostraban que, en ambos casos, se trataba del mismo virus y confirmaban que se trataba del virus del SIDA, que se denominó VIH.

Actualmente, se sabe que existen diferentes variantes del virus. Dos son especialmente importantes:

- VIH-1, es el más fácilmente trasmisible y el que se ha extendido por todo el mundo
- VIH-2, es de más difícil trasmisión y se encuentra geográficamente más restringido a la zona occidental de África

4.3. ¿Cómo actúa el virus y se desarrolla la enfermedad?

Infecta a los linfocitos T_H, bloqueando el desarrollo correcto de la respuesta inmunitaria adaptativa. Además, en ocasiones infecta a células dendríticas y macrófagos.

La enfermedad transcurre en tres fases:

- un aumento rápido de la concentración de VIH en sangre, justo 2 o 3 semanas tras la infección

- un periodo de latencia (disminuye el número de virus en sangre de forma brusca y continúa un descenso lento de los niveles de células T_H)

- la tercera fase empieza cuando los niveles de células T_H descienden por debajo de un mínimo (~300/mm^3). A partir de entonces se desarrolla la patología y pueden detectarse niveles altos de VIH en sangre. Las manifestaciones más características son fatiga, sudoración fiebre, y la aparición de enfermedades raras oportunistas (neumonía, tuberculosis, Sarcoma de Kaposi,...)

5. HIPERSENSIBILIDAD

La hipersensibilidad es una respuesta exagerada del sistema inmunitario ante un antígeno patógeno o inocuo. No se trata de un fenómeno que se desarrolle de forma aguda en el primer contacto con el antígeno. Es necesario que el organismo haya estado expuesto a este agente previamente, y es la memoria inmunológica la que desencadena la respuesta.

Existen cuatro tipos principales de reacciones de hipersensibilidad:

- tipo I (inmediata) → está provocado por la respuesta de los mastocitos y la IgE, provocando una respuesta exagerada ante antígenos inocuos (como el polen, ácaros, restos animales, sustancias sintéticas,...). Es lo que se conoce como alergia. Podemos distinguir en ella cuatro fases.
  o los linfocitos B producen IgE tras un primer contacto con el antígeno
  o la IgE queda unida, con la ayuda de proteínas específicas, a la membrana de los mastocitos y los basófilos
  o estas células reconocen el antígeno en una segunda exposición
  o los mastocitos y basófilos liberan mediadores típicos de inflamación (serotonina, histamina,...) produciéndose los síntomas típicos de una alergia (rinitis, broncoconstricción, asma,...)

- tipo II (citotóxica dependiente de anticuerpos) → se origina cuando alguna estructura del propio cuerpo (o del feto, en embarazos) es opsonizada por algún anticuerpo y se desencadena un ataque citotóxico mediado por NKs. Un ejemplo es la enfermedad hemolítica del recién nacido

- tipo III (inducida por inmunocomplejos) → es el caso de la enfermedad del suero, en la que los inmunocomplejos formados por otra causa no son eliminados suficientemente del torrente sanguíneo, activándose el sistema de complemento y la inflamación que se deriva

- tipo IV (mediada por células, retardada) → ocurre cuando ciertos antígenos son presentados por los macrófagos durante un tiempo excesivo. Ello estimula en exceso a los linfocitos T y se liberan algunas citoquinas que promueven inflamación

6. AUTOINMUNIDAD

Los mecanismos de selección clonal que tratan de asegurar la tolerancia del sistema inmunitario ante los componentes del propio organismo no siempre son infalibles. Entre un 5 y un 7% de la población mundial está afectada de algún tipo de trastorno autoinmune, en el que el sistema de defensa se vuelve contra algún elemento propio.

Podríamos clasificar estas patologías en...

- órgano específicas: afectan sólo a algún órgano concreto. Algunos ejemplos son...
    - tiroiditis de Hashimoto. Es la primera causa de hipotiroidismo en USA. En Europa encontramos una patología análoga, más abundante que esta, denominada tiroiditis de Ord.
    - anemia perniciosa (vista en tema 55)
    - diabetes mellitus tipo II
    - miastenia gravis
    - esclerosis multiple

- no órgano específicas: son enfermedades sistémicas. El ejemplo más característico es el lupus eritematoso sistémico. Enfermedad grave para la que no existe aún curación total, si bien ayuda el tratamiento con inmunosupresores y corticosteroides.

7. LAS VACUNAS

7.1. Historia de las vacunas

En 1796, justo en un momento crítico en cuanto a la extensión de la viruela en Europa, un médico rural de Inglaterra, Edward Jenner, observó que las mujeres que extraían leche de las vacas adquirían ocasionalmente una especie de patología, como una "viruela de las vacas" (cowpox) por estar continuamente en contacto con estos animales. Posteriormente, según parece, no enfermaban nunca de viruela común.

Actualmente, se sabe que esta viruela vacuna es una variante leve de la viruela que solía infectar a las personas (mortal). Prosiguiendo sus investigaciones, Jenner tomó leche vacuna de la mano de la granjera Sarah Nelmes. Inyectó este fluido en el brazo de un niño de ocho años, James Phipps. Inicialmente, y durante un periodo de 48 días, el muchacho mostró los síntomas típicos de la infección de viruela vacuna. Pasado ese tiempo, y tras la total recuperación del niño, el doctor Jenner le inyectó un líquido con la infección de viruela humana. No mostró ningún síntoma o signo de la patología típica de humanos.

Jenner había verificado que el agente infeccioso de las vacas podía favorecer el desarrollo de resistencia a la enfermedad en personas. Obviamente, el significado microbiológico de estos experimentos no fue establecido hasta pasados unos años de los experimentos de Louis Pasteur en el siglo XIX.

Tras la vacuna de Jenner, se han desarrollado muchas otras hasta nuestros días. Un listado adecuado es el que se recoge a continuación:

    1796: Vacuna contra viruela.

1879: Vacuna contra la diarrea;
1881: Vacuna contra el ántrax
1882: Vacuna contra la rabia;
1890: Vacuna contra el tétanos;
1890: Vacuna contra la difteria;
1897: Vacuna contra la peste.
1926: Vacuna contra tos ferina;
1927 Vacuna contra la tuberculosis;
1935 Vacuna contra la fiebre amarilla;
1937 Vacuna contra el tifus;
1945 Vacuna contra la gripe;
1952 Vacuna contra la poliomielitis;
1954 Vacuna contra la encefalitis japonesa;
1962 Primera vacuna oral contra la poliomielitis;
1964 Vacuna contra el sarampión;
1967 Vacuna contra la paperas;
1970 Vacuna contra la rubéola;
1974 Vacuna contra la varicela;
1977 Vacuna contra la neumonía (Streptococcus pneumoniae);
1978 Vacuna contra la meningitis (Neisseria meningitidis);
1981 Vacuna contra la hepatitis B;
1985 Vacuna contra la haemophilus influenzae tipo b (HiB);
1992 Vacuna contra la hepatitis A;
1998 Vacuna contra la enfermedad de Lyme;

7.2. Tipos y funcionamiento de las vacunas

Las vacunas pueden obtenerse a partir de patógenos muertos o atenuados, incluso a partir de pequeños fragmentos del patógeno de origen sintético (vacunas sintéticas) o fabricados por las propias células del cuerpo humano (vacunas de ADN).

Citaré a continuación el amplio surtido de tipos de vacunas, haciendo énfasis en algunas de ellas

- vacunas a partir de organismos matados por calor o por productos químicos. Ejemplos son las vacunas contra hepatitis A, peste bubónica, la vacuna contra la gripe, las antiguas vacunas contra el cólera

- vacunas a partir de seres vivos atenuados (estos microorganismos han crecido en tales condiciones que han perdido su virulencia). Ejemplos son la dela fiebre amarilla, rubeola,...

- vacunas basadas en fragmentos proteicos aislados...

    o provenientes de química sintética (es un ejemplo la vacuna de la fiebre aftosa, desarrollada por químicos españoles, o la vacuna parcial contra la malaria desarrollada por Manuel Patarroyo en Colombia hace unos años)
    o provenientes de ingeniería genética (ver tema 64)

o fabricadas por el organismo (mediante adenovirus, se introducen fragmentos de ADN en el cuerpo con el objeto de que sirvan de base para la síntesis de la proteína inmunogénica. Son vacunas en estado de experimentación)

7.3. Importancia sanitaria y social de las vacunas

Uno de los retos del desarrollo de vacunas es el aspecto económico. Muchas enfermedades que requieren este tipo de terapias son muy frecuentes en países en vías de desarrollo (SIDA, malaria, tuberculosis, cólera,...). Algunos intentos se han hecho, y son merecedores de elogio, de cara al desarrollo de vacunas de bajo coste. Podríamos citar dos ejemplos claros:

- La vacuna desarrollada por el grupo de Manuel Patarroyo, a finales de los 80. Se trataba de la primera vacuna proveniente de la química sintética y, lo que resultaba más interesante, la primera vacuna contra la malaria. Había sido descubierta al margen de la industria farmacéutica, y hasta la actualidad no se ha conseguido una implantación eficiente. Cabe resaltar, no obstante, que la vacuna sólo confería inmunidad a un bajo porcentaje de los pacientes.

- Se ha desarrollado, a finales de los 90, una planta transgénica (una especie de lechuga) que incorpora el gen para un péptido de *Vibrio cholerae*. Su implantación en los cultivos de algunos países resulta un esperanzador intento de prevenir las infecciones de cólera.

No siempre los gobiernos ni las entidades farmacéuticas están dispuestas a que su capital económico entre en riesgo al dedicarse al desarrollo de una vacuna cuyos destinatarios no van a poder adquirir. En parte resulta lógico y la solución pasa por nuevas fórmulas económicas que permitan reducir este riesgo inversor.

8. CONCLUSIÓN

Un conjunto de agentes celulares y de señales químicas constituyen el arsenal de defensa del cuerpo humano frente a la infección. No obstante, este conjunto tan heterogéneo ha de custodiar tres propiedades: tolerancia a lo propio, memoria y especificidad. Si se descuida en alguno de estos aspectos, se generarán patologías graves, como he tratado de señalar a lo largo de mi exposición. Con esta idea final, concluyo esta prueba escrita.

Bibliografía útil:

ALCAMÍ, J. y otros (2002) "Biología – 2° bachillerato", Ed. SM

MALE, D. y BROSTOFF, J. (2007) "Inmunología", Ed. Harcourt-Brace

PANADERO CUARTERO, J.E. y otros. (2003) "Biología – 2° bachillerato", Ed. Bruño

ROITT, I.M y DELVES, P.J. (2003) "Inmunología, fundamentos", 10ªed, Ed. Médica Panamericana

SANZ, M. y otros. (2002) "Biología – 2° bachillerato", Ed. Oxford

VVAA (1987) "Inmunología", Libros de Investigación y Cienci

TEMA 63

LA GENÉTICA MENDELIANA. LA TEORÍA CROMOSÓMICA DE LA HERENCIA. LAS MUTACIONES

0. INTRODUCCIÓN

La existencia de una continuidad estructural y funcional entre cualquier ser vivo y sus descendientes es un hecho evidente, seguramente conocido desde los orígenes de la humanidad. El mecanismo mediante el cual estos seres vivos consiguen que se mantenga en el tiempo esa exigente regla de ordenación de la materia, generación tras generación, es algo que ha costado más de llegar a entender.

En mi exposición hablaré de las primeras explicaciones del fenómeno genético, las personas implicadas en mejorar y refinar estas explicaciones, los experimentos que realizaron, etc. y cuáles son los principales rasgos de lo que hoy se conoce como genética clásica. Me basaré en el siguiente orden... (es muy conveniente exponer con claridad, aquí al principio, el orden que se va a seguir, leer el índice de una forma ágil)

1. ESTUDIOS DE LA HERENCIA PREVIOS A MENDEL

La idea de que los seres vivos mantienen rasgos morfológicos, fisiológicos y psicológicos presentes ya en sus progenitores debe ser seguramente tan antigua como la humanidad. Es igualmente antigua la asociación entre el acto sexual y la procreación. Por ello, debe remontarse también a tiempos antiguos la cuestión sobre una entidad, transmitida sexualmente, portadora de la información capaz de generar un organismo algo semejante a sus progenitores. **¿Cuál es el mecanismo o la sustancia portadora de esta información genética?**

Encontramos explicaciones curiosas ya en la **antigua Grecia**. Según Aristóteles, el macho y la hembra tienen funciones distintas en la génesis del nuevo ser. Del primero le vendría la forma (el alma) y de la hembra la materia, proveniente de la sangre menstrual. El alma estaría contenida en el esperma, en una sustancia denominada *pneuma*.

Otra explicación que, si bien hablan de ella filósofos griegos como Leucipo de Mileto o Demócrito, encuentra su máximo esplendor en el siglo XVII, es el **preformacionismo**. Los espermatozoides habían sido observados or primera vez al microscopio y se creía que contenían un ser humano preformado que ya sólo debía crecer. Los defensores de estas ideas fueron Malpighi, Swammerdam, Spallanzani,... entre otros. Conviene reseñar brevemente dos corrientes, los ovistas y los espermistas, que debatían entre si era el óvulo o el espermatozoide el lugar en que se hallaba el ser humano en miniatura. Estas ideas fueron desmontadas por los trabajos de C.F. Wolf y K.E. von Baer (durante los siglos XVIII-XIX, que mostraron cómo en el citoplasma de las células germinales tan sólo había un fluido que, tras mezclarse en la fecundación, debería dar lugar al nuevo ser. A partir de aquí se propusieron algunas ideas sobre cómo evolucionaría este fluido.

A finales del siglo XIX, Roux y Weismann propusieron la **teoría del desarrollo en mosaico**. Esta sostiene que el plasma germinal de la primera célula de un organismo (lo que hoy llamaríamos citoplasma) contiene una serie de determinantes que se reparten diferencialmente entre las células hijas dirigiendo el desarrollo del nuevo ser. Esta explicación complementa las ideas de Darwin de que existían unas partículas hereditarias ("gémulas") que, producidas por cada parte del cuerpo, eran enviadas a las gónadas y transmitidas en el acto reproductor. Estas gémulas llevarían la información para la construcción de los diferentes órganos (1868).

Durante el siglo XIX se propuso también la hipótesis de la **herencia por mezcla**, en la que se postulaba que en la fecundación se mezclan los fluidos y cada uno contribuye diferencialmente al nuevo ser según sea su dominancia en la mezcla. Vendría a ser como una mezcla de tinta de varios colores en la que el color resultante determinaría las características del nuevo ser.

2. MENDEL: HISTORIA Y CONCLUSIÓN DE SUS TRABAJOS

2.1. La figura de Mendel y las ideas previas a sus investigaciones

Una persona central desde la que parte el desarrollo de la genética es Johann Gregor Mendel. Nació el 22 de Julio de 1822 en la actual Hincice (República Checa). Proveniente de una familia de campesinos, tuvo grandes dificultades económicas para poder estudiar. Pese a ello, a sus 21 años había cursado física, matemáticas y filosofía en la Universidad de Olmütz, lo que explica su **tendencia al uso de la estadística en sus razonamientos y a emplear diseños experimentales muy directos propios de la física**. Es a esta edad cuando, aconsejado y recomendado por un profesor de física, ingresa en el monasterio agustino de Altbrünn (Brünn), donde combina las tareas educativas con los estudios de teología, ordenándose sacerdote a los 25 años.

Durante sus estudios de teología (1844-1848), gracias al apoyo del abad del monasterio de Brünn, que estaba muy interesado en temas de ciencias naturales aplicadas a la agricultura, pudo asistir a las clases de agronomía y viticultura impartidas por Franz Diebl, en las que **aprendió la técnica de la polinización artificial**, básica para sus futuros experimentos.

A sus 28 años, fue enviado a la Universidad de Viena a obtener la titulación oficial de Ciencias Naturales. No obtuvo finalmente el título, pero destacó muy notablemente en las asignaturas de física y de fisiología botánica. En ésta, impartida por el profesor F. Unger, **aprendió a aplicar la teoría celular a la fertilización de las plantas**, identificando la célula huevo y el grano de polen como los agentes transmisores de la información genética.

Otra influencia importante vino de **plantearse una cuestión** candente por aquella época en la comunidad científica, en la que Mendel estaba inmerso. **¿Contribuye la hibridación entre plantas a la aparición de nuevas especies?** Siguiendo las ideas del botánico Carl von Gärtner, que Mendel estudió, muchos creían que, aunque tras la hibridación los descendientes presentan grandes variaciones morfológicas, con el tiempo se imponían los caracteres generales de la especie, que mantenía de algún modo una *unidad sustancial* en el tiempo. Mendel apreció que **los trabajos de von Gärtner carecían de un análisis estadístico** de las poblaciones de híbridos, lo que los hacía susceptibles de la interpretación subjetiva y, por tanto, poco convincentes.

2.2. Experimentos y leyes de Mendel

Es en este momento (1856), a sus 34 años, cuando Mendel regresa al monasterio de Brünn y **empieza a desarrollar unos experimentos con la idea de verificar esta constancia en las características de una especie pese a la**

hibridación. Es decir, Mendel se propuso verificar si los descendientes de híbridos fértiles conservaban algunas características de estos híbridos, de forma que pudiesen generar a la larga nuevas especies, o si, por el contrario, las plantas estarían forzosamente destinadas a volver a los caracteres de la generación parental.

Elige la planta *Pisum sativum* (guisante) y parte de variedades puras, que había cultivado durante varios años, para asegurar la consistencia del material genético de las plantas de partida y la validez de los análisis estadísticos. La elección de esta especie, que resultó decisiva por la univocidad de los caracteres observados, muy probablemente la hizo basándose en sus amplios conocimientos de agricultura y de técnicas de hibridación. Adicionalmente, como veremos, reprodujo sus experimentos con otras plantas.

Es crucial en Mendel el **tratamiento estadístico de los datos** obtenidos, que le permitió inferir reglas bastante precisas a partir de datos aparentemente caóticos. De hecho, se puede decir que la innovación más notable de Mendel es la introducción de las matemáticas y, en concreto, el análisis combinatorio en el estudio de los cruces genéticos.

Como **técnica experimental** empleó la fecundación cruzada entre especies y la autofecundación de los híbridos producidos.

Mendel planteó inicialmente siete cruces, cada uno entre especies que diferían en la manifestación de un carácter concreto (altura de la planta, rugosidad de la semilla, color del cotiledón,...) Observó que los híbridos de la primera generación filial (F_1) eran todos idénticos en apariencia a uno de sus progenitores, manifestando lo que hoy denominamos carácter dominante y ocultando el recesivo.

Entre los descendientes de estos híbridos el carácter se manifestaba diferencialmente (semillas rugosas y lisas, plantas altas y bajas,...) La proporción estadística era cercana a 3:1 favorable al carácter dominante. Mendel continuó más allá de esta generación y, estudiando la F_3, dedujo que las plantas que en F_2 manifestaban el carácter dominante estaban constituidas por una proporción 2:1 de plantas que tenían oculto el carácter recesivo y otras que eran genéticamente iguales a sus progenitores.

Mendel recurrió a la aplicación de la estadística tratando de sistematizar este comportamiento en una serie binomial. De este modo, predijo con acierto que cruces repetidos basados en autofecundación de híbridos, siendo n el número de generaciones, daban lugar a proporciones $2^{n-1}:2:2^{n-1}$ para las tres situaciones posibles: dominantes puros, híbridos y recesivos puros.

En definitiva, las **conclusiones de Mendel**, que se expresan en forma de las leyes que citaré a continuación, mostraban con claridad la importancia de los cruces genéticos como fuente de variación y de posible aparición de nuevas especies.

Mendel publicó sus resultados en forma de dos comunicaciones tituladas *Versuche über Pflanzenhybriden* I y II en la Sociedad de Ciencias Naturales de

Brünn. La primera de estas publicaciones apareció el 8 de febrero de 1865, exponiendo los experimentos de hibridación realizados. La segunda se publicó el 8 de marzo de 1866, y en ella se detallaban los resultados obtenidos.

- **Primera ley o ley de la uniformidad de los híbridos.** Al cruzar dos variedades puras para un carácter se obtienen únicamente individuos idénticos para uno de los caracteres parentales, mientras el otro parece haber desaparecido.

- **Segunda ley o de la segregación.** Afirma que en la segunda generación, la que surge de la autofecundación de los híbridos, el carácter dominante aparece en un 75% de los casos y el recesivo en un 25 %. Además, sabemos por experimentos de Mendel que de cada 3 dominantes, 2 son híbridos y 1 es una variedad pura.

- **Tercera ley o de la independencia.** Puede enunciarse como sigue: *en el cruce entre dos individuos que difieren en dos o más caracteres, la herencia de cada carácter es independiente de la del resto.* En un caso de dos caracteres, considerando esta absoluta independencia en el modo herencia de ambos, las proporciones esperadas son de 9:3:3:1 para cada una de las cuatro posibilidades fenotípicas (dominantes ambos: dominante sólo el carácter A : sólo el B : recesivos ambos).

2.3. Descubrimiento del trabajo de Mendel

Es sabido que los experimentos y conclusiones de Mendel no fueron conocidos por la comunidad científica hasta 34 años más tarde de su publicación, unos 15 años después de su muerte.

En el año 1900, **Hugo de Vries**, profesor de botánica en la Universidad de Amsterdam, publicó un texto titulado "La ley de segregación de los híbridos", en el que describía las conclusiones de Mendel. Cabe señalar que las ideas de este autor superaron el concepto mendeliano de segregación. De Vries denominó "pangenes" a los elementos responsables de la transmisión de los caracteres. Además, admitía la posibilidad de que los pangenes no fuesen inmutables sino que, tras sucesivos cruces, pudiesen sufrir cambios. De esta forma, la hibridación no sólo mezcla aleatoriamente información preexistente en los progenitores sino que permite cambios. Esta "teoría de los pangenes" resulta muy próxima a la teoría de la herencia formulada por Morgan años más tarde, que comentaré más adelante.

El botánico alemán **Karl Franz J.E. Correns**, especialista en estudios sobre el cultivo del maíz, realizó experimentos muy similares a los de Mendel, incluso con la misma planta (*Pisum sativum*) y publicó en 1900 *"Las reglas de G.Mendel sobre la transmisión de la descendencia en los híbridos"*.

A principios de ese mismo año, **Tschermak-Seysenegg** expuso unos resultados similares. Había estado trabajando desde 1898 en experimentos de autofecundación y cruce de híbridos en el jardín botánico de Gante (Bélgica), cuando, en 1899, tras describir las mismas leyes, descubre el trabajo de Mendel.

Es importante resaltar el papel de **William Bateson**, zoólogo y genetista inglés, quien, al conocer los experimentos de Mendel, contribuyó a consolidarlos en la comunidad científica. Introdujo el término "genética" como disciplina científica, al tiempo que ocupó la primera cátedra de dicha materia en la Universidad de Cambridge (1908-1910).

Muchas veces, los textos de genética y biología de secundaria pasan muy por encima o dan respuestas poco rigurosas sobre la siguiente pregunta. **¿Por qué permaneció tanto tiempo desconocido el trabajo de Mendel?** Trataré de exponer algunas breves ideas a modo de respuesta.

Se ha comentado a veces que Mendel no dio difusión a su trabajo, pero un análisis más detallado nos muestra que esto no es del todo cierto...

- El 18 de Abril de 1868, Mendel envió una carta al por entonces líder de la botánica europea, el botánico suizo von Nägeli. En esta carta le explicaba detalladamente el significado de los datos y le adjuntaba el trabajo de 1866 (por lo que posiblemente se tratara de una aclaración solicitada previamente por el mismo von Nägeli, que ya había leído el trabajo).

- La revista en que publicó sus resultados tenía, para la costumbre de la época, una difusión bastante buena. Fue repartido a 120 sociedades científicas y enviado individualmente a 40 científicos. Si bien es cierto que muchas de estas copias han sido encontradas intactas tras los años.

Entre las posibles causas de la poca relevancia del trabajo de Mendel podrían estar las siguientes:

- El mundo de la cultura y la ciencia estuvo sometido a una clara influencia anticlerical durante los años 1870 y 1880

- Los biólogos del siglo XIX no estaban muy habituados a basar sus conclusiones en análisis estadísticos

- El propio Mendel, en un gesto probablemente de honradez, publicó en 1870 que la tercera ley no se cumplía en experimentos realizados con la planta *Hieracium* (de la familia de las compuestas). Esto llevó posiblemente a considerar las conclusiones de Mendel como preliminares

- Algunos historiadores comentan también que los datos de Mendel no muestran una gran variabilidad, por lo que pueden dar la impresión de no ser datos reales sino adaptados a unas conclusiones preconcebidas. Por ejemplo, los datos de Mendel son demasiado exactos como para incluir fenómenos de entrecruzamiento cromosómico, que existían seguramente. Por ello hay quien sugiere un posible filtro aplicado por

Mendel a los datos. Esto podría haber sido un freno para aceptar sus conclusiones durante un tiempo.

3. LA TEORÍA CROMOSÓMICA DE LA HERENCIA

Las leyes de Mendel tienen la peculiaridad de que no es necesario un concepto de la naturaleza física de los genes o de su mecanismo concreto de acción para entender los resultados de un cruzamiento y prever los de cruzamientos futuros. Pueden simbolizarse estos "genes" como elementos abstractos sin molestarnos en averiguar su naturaleza ni su localización en la célula, y a efectos cuantitativos las leyes de Mendel funcionan muy bien en multitud de organismos y caracteres.

No obstante, cabe hacerse la siguiente cuestión **¿en qué estructura física se encuentran los genes?** La teoría cromosómica de la herencia expone que los genes, tal como habían sido propuestos por Mendel, se encuentran en unas estructuras celulares específicas: los cromosomas, visibles al microscopio. Se trata de explicación conjunta del mismo proceso desde la citología y la genética.

Esta teoría fue enunciada claramente por **Walter S. Sutton**, un científico estadounidense, a principios de siglo XX. Mientras desarrollaba su tesis doctoral en el grupo de E.B. Wilson (en la Universidad de Columbia), estudió la espermatogénesis en una especie de saltamontes (*Brachystola magna*), consiguiendo fotografiar las diversas fases mediante una cámara que construyó él mismo acoplada al microscopio, publicando sus resultados en 1900. Dos años más tarde describe la estructura de los cromosomas del saltamontes y sugiere una relación entre meiosis y herencia. En 1903, en su trabajo "The Chromosome in Heredity", queda claramente enunciada la idea de que los cromosomas son la estructura física que conecta la citología y la genética. Esta conexión la hace Sutton basándose en las siguientes premisas u observaciones:

- los cromosomas son estructuras repetidas, en parejas, proviniendo un miembro del padre y otro de la madre

- los cromosomas mantienen una unidad estructural (y aparentemente funcional) a lo largo del ciclo celular

- los cromosomas de origen paterno y materno se separan en la meiosis de forma independiente

- todos los alelos de un mismo cromosoma se heredan juntos, independientemente de su carácter dominante o recesivo

Por separado, en la misma fecha aproximada, el genetista austríaco **T. Boveri** llegó a las mismas conclusiones que Sutton, por lo que la idea de que el comportamiento de los cromosomas en la meiosis es la explicación de las leyes de Mendel se conoce como hipótesis de Sutton-Boveri.

4. LA ESCUELA DE MORGAN

En 1910, **Thomas Hunt Morgan**, profesor de zoología experimental de la Universidad de Columbia, aceptó, tras años de dura crítica y verificación experimental, las leyes de Mendel. Posteriormente, este gran experto en embriología, empezó a interesarse por la realización de estudios de genética con la mosca de la fruta (*Drosophila melanogaster*), propuesta por algunos biólogos de la época como un excelente modelo experimental.

De ahí nació una escuela de genetistas que permitió un veloz desarrollo de la genética clásica. Entre sus alumnos más relevantes podemos destacar a A.H. Sturtevant, H.J. Muller y C.B. Bridges. Citaré algunas aportaciones...

- mostraron como el rasgo genético *withe eye* (contrapuesto al fenotipo normal ojo rojo) estaba localizado en el cromosoma X, por lo que presentaba una herencia ligada al sexo, que explicaré a continuación

- sentaron las bases de la asociación entre los genes de un mismo cromosoma (que tienden a heredarse juntos)

- explicaron el fenómeno del *crossing-over* (mecanismo por el cual, en ocasiones, no se cumple la regla anterior)

- dedujeron que la posición relativa entre dos genes en un mismo cromosoma determina la frecuencia de entrecruzamientos entre ellos o, visto desde el lado opuesto, su grado de ligamiento

- elaboraron mapas cromosómicos basándose en el grado de cercanía o ligamiento entre genes

- sistematizaron los conocimientos de genética de la época   sus aportaciones en unas monografías que sentaron las bases de este campo de investigación

5. FENÓMENOS PECULIARES ESTUDIADOS POR LA GENÉTICA CLÁSICA

5.1. Herencia ligada al sexo

Se produce cuando la probabilidad de transmisión de ciertos caracteres depende del sexo de los progenitores y/o descendientes.

Un caso particular es la herencia ligada al cromosoma Y (herencia holándrica). En la especie humana tenemos algunos ejemplos como la presencia de vello externo en las orejas, la ictiosis (enfermedad hereditaria que e manifiesta por una piel seca y escaosa) que presentan este patrón hereditario. Son caracteres transmitidos de padres a hijos, y nuca están presentes ni en el genotipo ni en el fenotipo de las mujeres.

El caso más común de herencia ligada al sexo es la que presentan los caracteres codificados por el cromosoma X. Se trata de caracteres que en mujeres presentan dos copias en el genotipo, mientras que en hombres sólo presentan una.

Si son caracteres recesivos, precisan de homocigosis para manifestarse en el fenotipo femenino, mientras que se manifestarán en el fenotipo masculino con sólo estar presentes en el genotipo. Son, por tanto, rasgos más frecuentemente encontrados en varones. Es más, muchos de ellos son letales en homocigosis, por lo que es imposible encontrar mujeres homocigóticas vivas.

Fijándonos en el aspecto externo, se trata de características presentes en el padre, transmitidas por este a las hijas, pero que no se manifiestan en ellas. Se trata de mujeres que llevan el carácter oculto en heterocigosis. La mitad de los descendientes varones de una mujer portadora llevará y manifestará la característica, la otra mitad ni la llevará ni la manifestará.

Ejemplos conocidos de estas características son el daltonismo (imposibilidad de distinguir entre algunas parejas de colores), la hemofilia (defecto de síntesis de alguno de los factores proteicos del mecanismo de coagulación de la sangre),… aunque existen otros muchos ejemplos.

Se han descrito algunos casos de caracteres dominantes ligados al cromosoma X: un tipo de hipofosfatemia (que afecta a la mineralización ósea), la *incontinentia pigmenti* (que afecta a la piel, pelo,…), el síndrome de Coffin-Lowry (un tipo de retraso mental),…

5.2. Herencia intermedia y codominancia

Decimos que existe herencia intermedia (o dominancia incompleta) cuando los organismos heterocigóticos para un carácter son fenotípicamente distintos de los homocigóticos dominantes.

El término codominancia hace referencia a la situación en la que, para un mismo carácter, un organismo heterocigótico expresa rasgos fenotípicos de ambos alelos, que son ambos dominantes.

Por ejemplo, una flor amarilla cruzada con una flor roja resulta una flor amarilla con manchas de color rojo. Esto podría explicarse como sigue: el gen que codifica enzimas necesarias para obtener la coloración roja se manifiesta en algunas partes de la flor mientras que en otras zonas se manifiesta el gen que lleva a la obtención de una coloración amarilla.

6. LAS MUTACIONES

Una mutación es una variación en el mensaje codificado por un gen. Podemos distinguir dos tipos de mutaciones en las células...

- mutaciones génicas o puntuales → en ellas queda afectado un solo gen, que cambia de una forma alélica a otra

- mutaciones cromosómicas → son aquellas que afectan a segmentos de cromosomas enteros, dejando distorsionada la estructura general de los cromosomas. No tiene porqué ser un proceso asociado a mutaciones génicas

Conviene distinguir entre mutaciones germinales (ocurridas en el proceso de formación de los gametos y, por tanto, transmisibles a la descendencia) y mutaciones somáticas (producidas en cualquier otra célula del cuerpo e independientes del flujo de información genética entre generaciones).

En cierto sentido, podríamos decir que la existencia de mutaciones es una prueba más de que el ADN es el material que contiene la información genética, dado que alteraciones en la química de esta macromolécula pueden ser la causa de variaciones fenotípicas en la descendencia.

6.1. Mutaciones génicas o puntuales

Todo organismo experimenta **mutaciones espontáneas** fruto de operaciones habituales que tienen lugar en la célula. La frecuencia de estas alteraciones suele denominarse nivel de mutación basal. No obstante, el estudio de estos fenómenos es difícil dado que su frecuencia es baja y que los mutantes muchas veces son seleccionados en contra.

Para aumentar la frecuencia de estos eventos, pueden emplearse agentes mutágenos, dando lugar a lo que denominaríamos mutaciones inducidas.

Cualquier base del ADN puede ser mutada. Una mutación puntual cambia sólo una de ellas. Los mecanismos por los que esto ocurre pueden ser dos...

- alteración química por la que una base acaba transformándose en otra

- error durante la replicación que lleva a la inserción de un nucleótido incorrecto saltándose las pautas de apareamiento Watson-Crick

Dependiendo del tipo de error generado, podemos hablar de dos tipos de mutaciones puntuales:

- transiciones: se trata de cambios entre purinas o entre pirimidinas. Por ejemplo, estaríamos hablando del cambio de un par A·T por un G·C.

- transversiones: una pirimidina cambia a una purina o viceversa. De este modo, un par A·T cambiaría a un T·A o a un C·G

Mutaciones de este tipo pueden deberse a varias causas (citaré sólo algunos ejemplos):

- el ácido nitroso

    - promueve la transformación de citosina a uracilo. La nueva base se une con adenina, con lo que se estabiliza un par U·A, que se transformará en un par T·A en el siguiente proceso de replicación

    - provoca la desaminación de la adenina, induciendo la mutación A·T → G·C

- otros agentes oxidantes (radicales libres de oxígeno,...)

- un apareamiento incorrecto ocurrido de forma natural o fruto de la incorporación al ADN de análogos de bases con pautas ambiguas de reconocimiento por puente de hidrógeno (bromouracilo, oxanosina, isoguanina,...)

Un ejemplo de mutación que no es una alteración cromosómica ni un cambio en un único par de bases es la producida por elementos transponibles o transposones. Se trata de pequeños fragmentos de ADN que "saltan" de su ubicación original y se insertan en otro lugar del genoma. Con ello pueden incrementar su tasa de expresión, interrumpir la pauta de lectura de otro gen, favorecer la expresión de otra zona,...

¿Dónde se localizan las mutaciones puntuales?

En el conjunto de los cromosomas se han definido algunas zonas particularmente promiscuas a albergar mutaciones. Se denominan puntos calientes o *hotspots*.

No obstante, pueden darse mutaciones en cualquier lugar del genoma. La mayoría suelen ser neutras (según se expone en la Teoría Neutralista de la Evolución Biológica, expuesta por Motoo Kimura en los años 1990's), es decir, que su localización no afecta a la función de ningún gen.

Así pues, podemos distinguir diversos tipos de mutaciones según su efecto:

- mutaciones silenciosas o neutras

    o porque afectan a una zona no codificante

    o porque cambian una base que no implica el cambio de aminoácido en la cadena polipeptídica (aprovechando la cualidad de degeneración del código genético)

11

o porque el aminoácido que cambian no implica un cambio estructural que invalide la función de la proteína

- mutaciones activas

    o pueden dañar la función de un gen (*forward mutations*)

    o pueden restablecer la función de un gen (*back mutations*)

¿Con qué frecuencia ocurren las mutaciones puntuales?

Existe una frecuencia basal de ~10^{-5}-10^{-6} mutaciones por locus y ciclo de replicación. Esto significa que, uno de cada 10^9-10^{10} nucleótidos mutan en cada generación.

La célula tiene mecanismos de reparación de las mutaciones, lo que disminuye la frecuencia real de estos eventos. Citaré algunos de los mecanismos más conocidos:

- reparación por escisión de bases

- reparación por escisión de nucleótidos

- sistema SOS de reparación masiva

6.2. Mutaciones cromosómicas

Se trata de fenómenos causados normalmente por una alteración mecánica grave del proceso de replicación o de segregación cromosómica. Algunos compuestos como los fármacos alquilantes de bases o la formación de dímeros de timidina por acción de la radiación UV pueden ser el evento causante de alteraciones de esta magnitud.

Estas mutaciones pueden ser de dos tipos, según se den por alteración de la estructura de un cromosoma concreto o por variación del número de copias presentes en la célula (aneuploidías). Veremos ambos casos por separado.

6.2.1. Mutaciones por cambios estructurales

En los cromosomas pueden definirse multitud de marcadores que sirven para detectar alteraciones estructurales. Estos cambios se detectan muy claramente durante el apareamiento de los cromosomas homólogos durante la meiosis.

Podemos clasificar estas mutaciones en cuatro tipos: deleciones, duplicaciones, inversiones y traslocaciones. Los definiré a continuación y señalaré algún ejemplo. Cabe señalar que muchas de estas mutaciones son

12

letales, por lo que encontrar ejemplos en individuos vivos no es algo tan frecuente como cabría esperar de una tasa de mutación normal.

- Deleciones → cuando se elimina un fragmento de ADN. Un ejemplo típico en personas es el "Crit du chat", una patología debida a una deleción en el brazo corto del cromosoma 5.

- Duplicaciones → cuando se repite un fragmento de un cromosoma. Un ejemplo es la duplicación Bar en *Drosophila melanogaster*, que da lugar a ojos con menos facetas. Se localiza en el cromosoma X y tiene varios grados de intensidad, dependiendo del número de duplicaciones existentes.

- Inversiones → se producen cuando un fragmento se escinde, gira 180° y vuelve a insertarse en el ADN. Son mutaciones muy empleadas históricamente en el estudio filogenético de especies del género *Drosophila*. En personas, la zona con mayor frecuencia de inversiones cromosómicas es el cromosoma 9. Estas mutaciones, por el efecto de la compensación génica, no suelen manifestarse como patologías, si bien provocan un defecto de apareamiento de los cromosomas homólogos en meiosis y conllevan problemas de fertilidad.

- Traslocaciones → se trata del intercambio de fragmentos entre cromosomas no homólogos. Un conocido caso de traslocación, asociada al desarrollo de una leucemia, es el cromosoma Philadelphia. Se trata de un intercambio de material entre el cromosoma 9 y el 22.

6.2.2. Mutaciones por cambios de número

Encontramos tres casos...

- Poliploidía (aumento del número de copias de todo el conjunto de cromosomas). Se trata de un suceso bastante frecuente en la naturaleza, más extendido concretamente en el reino vegetal que en el animal. Aproximadamente un 30% de las especies de angiospermas, por ejemplo, son poliploides.

- Haploidía (disminución del número de copias de todo el conjunto de cromosomas). Es el estado normal en los hongos y se encuentra también en el gametófito de algunas plantas inferiores.

- Aneuploidía (modificación del número de copias de un par concreto de cromosomas homólogos). Podemos encontrar monosomías (como el Síndrome de Turner, en el que falta un cromosoma X), trisomías, Síndrome de Down –trisomía del cromosoma 21-, Síndrome de Klinefelter –cromosomas sexuales XXY-, Síndrome de Edwars – trisomía del 18-, Síndrome de Patau –trisomía del 13-, Síndrome 3X,...), e incluso, muy raramente, tetrasomías y pentasomías de los cromosomas sexuales.

7. CONCLUSIÓN

Mi exposición ha tratado de recorrer los inicios de la genética como ciencia, tratando de incidir en los aspectos históricos y científicos de este origen.

Posteriormente, he descrito la interacción entre genética y citología, que llevó al desarrollo, a principios de siglo XX, de la teoría cromosómica de la herencia.

Tras explicar algunos casos de herencia típicamente incluidos en los temas de genética clásica, he pasado, finalmente, a comentar las principales características de las mutaciones, como mecanismo de variación genética. Con esto, doy por concluida mi exposición.

Bibliografía útil:

ALCAMÍ, J. y otros (2002) "Biología – 2º bachillerato", Ed. SM

DRAGONI, G. ; BERGIA, S. y GOTTARDI, G. (2004) "Quién es quién en la ciencia" (Vols. I y II), Ed. Acento

LEWIN, B. (2007) "GENES IX", 9ªed, Oxford University Press.

PANADERO CUARTERO, J.E. y otros. (2003) "Biología – 2º bachillerato", Ed. Bruño

SANZ, M. y otros. (2002) "Biología – 2º bachillerato", Ed. Oxford

SUZUKI, D.T. y otros (2002) "Genética", 7º ed, Ed. Interamericana-McGrawHill

TEMA 64

LA GENÉTICA MOLECULAR. LA INGENIERÍA
GENÉTICA Y SUS APLICACIONES. SU
DIMENSIÓN ÉTICA.

0. INTRODUCCIÓN

Los seres vivos mantienen un orden estructural de generación en generación. No es viable, en términos de energía libre, reconstruir desde cero un patrón estructural idéntico al de su progenitor. La tendencia a un valor de entropía elevado, que acompaña a todo sistema material, lo impide. El secreto está en que una sustancia, que ahora sabemos que es el ADN, contiene una información que facilita esta reconstrucción estructural y funcional que se da en los descendientes.

El ADN ha pasado, en apenas 100 años, de ser una molécula en la que apenas se confiaba como depositaria de la información genética, a ser el objetivo de múltiples aplicaciones que han modificado la vida de las personas, y que prometen seguir mejorándola.

En este tema, muy extenso en canto a requerimientos, expondré los mecanismos básicos de la genética molecular y los principales usos de la ingeniería genética. Me basaré en el siguiente orden... (es muy conveniente exponer con claridad, aquí al principio, el orden que se va a seguir, leer el índice de una forma ágil)

1

1. INVESTIGANDO LA NATURALEZA MOLECULAR DEL GEN

Posiblemente la primera pista acerca de la naturaleza química del material genético viene de los trabajos publicados por **J.F. Miescher en 1871** (obtenidos dos años antes). Este biólogo suizo **aisló varios compuestos químicos ricos en fosfato del núcleo de glóbulos blancos**. En concreto, estos resultados, que mejoraban la descripción química de la sustancia denominada por entonces **nucleína**, no tuvieron una gran resonancia en la comunidad científica, pero serán cruciales cuando años más tarde se indique la posibilidad de que la nucleína contenga el material genético.

El médico y químico alemán **Albrecht Kossel** conoció estos resultados pocos años más tarde y realizó investigaciones complementarias sobre la química del núcleo celular. Kossel descubrió **en 1879** que **la nucleína tenía dos componentes, uno proteico y otro no-proteico, al que denominó ácido nucleico**. Este médico fue capaz de aislar las **cinco bases nitrogenadas** de los ácidos nucleicos (la guanina, que ya se conocía, y la adenina, timina, citosina y uracilo, descubiertas por él y sus colaboradores). Realizó también importantes descripciones sobre las **histonas**, indicando que se trataba de proteínas básicas que ayudaban a estructurar los cromosomas. Su equipo también identificó un **azúcar presente en el núcleo**, que denominaron *hexosa* y resultó ser la ribosa descrita años más tarde.

Es importante notar que, a raíz de estos resultados, **Kossel planteó por primera vez la posibilidad de que los ácidos nucleicos fueran la sede de la información genética** y aportó para ello pruebas muy interesantes...

- sus colaboradores realizaron experimentos para mostrar como la nucleína no era el soporte nutritivo ni participaba en la contracción muscular (ideas que se postulaban en la época)

- sus colaboradores mostraron como esta sustancia es particularmente abundante en tejidos en crecimiento

Otra figura importante en este proceso de búsqueda de la naturaleza química del gen es **Phoebus Levene**, discípulo de Kossel. **En 1909 descubrió la ribosa y en 1929 la desoxirribosa**, señalando que se trataba de componentes de los ácidos nucleicos. Además, indicó que **azúcar, fosfato y base nitrogenada se encontraban formando una unidad estructural que denominó nucleótido**. Señaló también que estas unidades se encontraban unidas entre sí mediante los grupos fosfatos, proponiendo así el **primer modelo estructural (erróneo) de los ácidos nucleicos**. Ver figura.

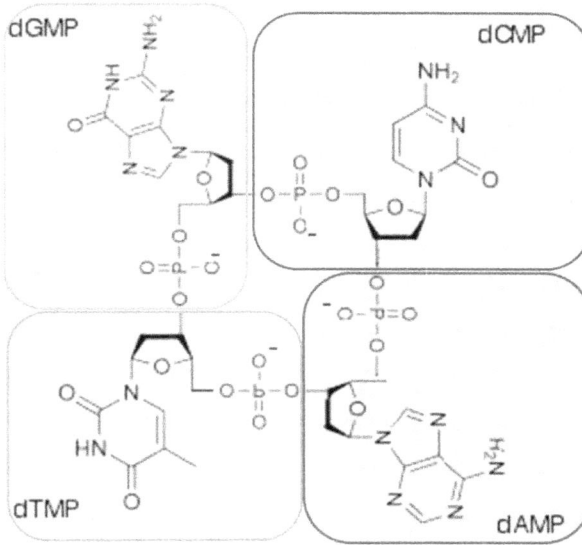

PRIMER MODELO ESTRUCTURAL DE UN ÁCIDO NUCLEICO

Levene consideró que los nucleótidos se ensamblaban formando tetrámeros. Por esa razón, propuso que se trataba de moléculas con una capacidad informativa demasiado reducida como para albergar el mensaje genético.

En el año **1928** tuvo lugar un experimento clave en la historia de la genética molecular. **Frederick Griffith**, un microbiólogo británico, estaba tratando de encontrar una vacuna que permitiese inmunizar frente a los casos de neumonía que estaban apareciendo fruto de la pandemia de gripe que siguió a la Primera Guerra Mundial. Para ello estaba empleando dos cepas de la bacteria *Streptococcus pneumoniae*: una virulenta (cepa S) y una no-virulenta (cepa R), en cuanto a su capacidad de causar neumonía en ratones y provocarles la muerte en 1 ó 2 días.

Cuando a la cepa S se le aplicaba un tratamiento por calor y se reinyectaba en ratones sanos, no producía la enfermedad. Pero curiosamente, si estas bacterias muertas se mezclaban con un cultivo líquido de bacterias R vivas, estas últimas adquirían capacidad patogénica. **Una sustancia (desconocida) de las bacterias S había inducido un cambio en las R, que las hacía virulentas** (en concreto, se les había dado la capacidad de fabricar cápsula externa). **Esta sustancia** fue denominada por Griffith como **"principio transformador"**.

En **1944**, **O.T. Avery**, a partir de cultivos de *S. pneumoniae*, consiguió aislar una sustancia que capacitaba a las bacterias sin cápsula y a sus descendientes para fabricar la cápsula. Estos estudios interesaron a **C.M. McLeod y M. McCarthy**, quienes **descubrieron que se trataba de un ácido nucleico**. Este compuesto se identificó mediante experimentos de fraccionamiento bioquímico que permitieron obtener muestras en las que la sustancia estaba en alta concentración. Al tratar estas muestras con una desoxiribonucleasa, extraída de páncreas de buey y activada con Mg^{2+}, se perdía su poder transformador. Con esta última prueba quedó clarificado que **se trataba de ADN**.

No obstante, gran parte de la comunidad científica se mantuvo escéptica ante estos hallazgos, hasta que **en 1952, Alfred Hershey y Marta Chase demostraron más claramente que esta sustancia era el ADN**. Sus experimentos se basaron en el uso de virus bacteriófagos y el marcaje radiactivo de proteínas y ADN, para demostrar finalmente que era el ADN la sustancia inyectada por los fagos en las bacterias.

Cabe destacar en esa época los experimentos de **E. Chargaff**, quien mediante análisis químicos de la estructura del ADN reveló que **el número de guanosinas era siempre igual al de citidinas, y que lo mismo ocurría al comparar adenosinas con timidinas**.

Muchos de estos datos anteriores fueron empleados por **James Watson y Francis Crick** en el desarrollo de su **modelo teórico de la estructura del ADN**, publicado en *Nature* el 25 de Abril de **1953**, por el que recibieron el premio Nobel en 1962. La estructura del ADN propuesta por estos investigadores, posiblemente el descubrimiento más emblemático de la biología molecular del siglo XX, consiste en una doble hélice formada por dos cadenas de nucleótidos antiparalelas. Se trata del ADN tipo B, cuya estructura está ampliamente detallada en el capítulo 25 de este temario.

Este modelo de doble hélice fue aceptado por la comunidad científica (y actualmente es indiscutible su vigencia) **porque era capaz de satisfacer dos requerimientos básicos...**

- al tratarse de cadenas largas, los mensajes escritos con un código de 4 letras pueden **contener una gran cantidad de información**

- era fácil presuponer (y ellos lo explican en su artículo) un **mecanismo de autocopiado** que se basara en la complementariedad del patrón de puente de hidrógeno entre bases

2. REPLICACIÓN, TRANSCRIPCIÓN, TRADUCCIÓN Y FENÓMENOS MOLECULARES RELACIONADOS

El estudio de la genética molecular (funcionamiento del material genético a nivel molecular) es básicamente el estudio de estos tres procesos y de fenómenos moleculares asociados a ellos. Tanto la replicación como la transcripción han sido tratadas en el tema 25, mientras que la traducción ha sido expuesta en el punto 5 del tema 24.

En el ejercicio de oposición, CONVENDRÍA EXPLICAR ESTOS PROCESOS MÍNIMAMENTE, pero CUIDANDO QUE EL TIEMPO PERMITA EXPLICAR EL APARTADO 2.4. SOBRE "FENÓMENOS MOLECULARES RELACIONADOS". En esta ocasión, como hay que remitirse a dos temas distintos, hemos preferido incluir de nuevo esos apartados en este tema para que sea más cómodo el estudio (ello hace que el tema haya quedado un poco más largo).

2.1. La replicación

Se trata de un proceso cuyo objetivo principal es la realización de una copia lo más exacta posible del material genético de una célula. En un principio, se emitieron tres hipótesis acerca del mecanismo de replicación de la doble hélice del ADN. Básicamente dicen lo siguiente:

- **Hipótesis conservativa**: la hélice original se conserva y la hélice sintetizada es completamente nueva

- **Hipótesis dispersiva**: ambas cadenas contienen fragmentos viejos y de nueva síntesis

- **Hipótesis semiconservativa** (propuesta por Watson y Crick y verificada como cierta en 1957 por Meselson y Stahl): cada doble hélice consta de una cadena original y una de nueva fabricación.

2.1.1. Fases de la replicación

El proceso de replicación del ADN puede estructurarse en las siguientes fases:

- Iniciación
- Elongación
- Corrección de errores (fase que, si bien es simultanea a la elongación, explicaré por separado)

La explicación que sigue hace referencia a células procariotas. Posteriormente expondré las principales diferencias que experimenta este proceso en eucariotas.

a) Iniciación

Esta etapa se inicia con la unión de unas proteínas denominadas helicasas a unas repeticiones de la secuencia GATC en la doble hélice denominadas oriC u origen de la replicación. Al unirse, las helicasas abren la doble hélice, evitando el mantenimiento de los puentes de hidrógeno entre las bases.

El avance de estas proteínas genera una enorme tensión mecánica en la firbra de ADN, que es liberada por la acción de unas enzimas llamadas girasas y topoisomerasas, que fragmentan y sueldan el esqueleto fosfodiéster, permitiendo entre ambas acciones que se libere la energía elástica acumulada.

Todo fragmento de ácido nucleico de cadena simple tiende a replegarse sobre sí mismo formando estructuras bicatenarias, que impedirían el avance de la maquinaria de polimerización. Para evitar que esto ocurra en la replicación, unas proteínas se unen a las cadenas simples de ADN. Se denominan SSB, del inglés *single strand binding proteins*.

En conjunto, la fase de iniciación genera una apertura de la doble hélice en forma de burbuja (denominada "burbuja de replicación") flanqueada por dos estructuras en forma de y-griega, llamadas horquillas de replicación. A partir de ellas, avanzará el proceso de polimerización de modo bidireccional.

b) Elongación

En esta fase actúan tres complejos enzimáticos encargados de la polimerización de una nueva cadena de nucleótidos frente a cada una de las cadenas originales. Esta polimerización se realiza siguiendo las especificidades canónicas de unión entre bases nitrogenadas (formación de pares A·T y G·C).

Los tres complejos que participan son las ADN polimerasas I, II y III. Todas ellas tienen una actividad polimerasa (seleccionan desoxirribonucleótidos-trifosfato de la fracción soluble y los unen a la cadena naciente respetando la especificidad de secuencia marcada por la cadena molde; el criterio de unión se basa en la pauta de puente de hidrógeno, pero también en las interacciones de apilamiento y la interacción con el disolvente) y una actividad exonucleasa (tras una relectura de la doble cadena sintetizada, son capaces de detectar apareamientos químicamente erróneos, y escindir el nucleótido mal incorporado). Ninguna de ellas, no obstante, es capaz de iniciar la polimerización desde cero. Para ello necesitan la acción de una proteína denominada primasa, que fabrica un primer fragmento de ARN de una decena de nucleótidos, sobre el que estas enzimas ya pueden continuar la polimerización. Este fragmento se denomina cebador o *primer* y las polimerasas tienen capacidad de eliminarlo y sustituirlo por otro de ADN.

A partir de aquí, las ASDN polimerasas avanzan, leyendo en sentido 3'→5' y fabricando en sentido 5'→3'. Ahora bien, una de las cadenas de la doble hélice antigua, sobre la que avanza la polimerasa, tiene orientación inversa. La replicación de esta cadena es algo más lenta y elaborada. Así pues, de las cadenas que hacen de molde, la que va en sentido 3'→5' se denomina hebra conductora ("se fabrica antes") y la que va en sentido 5'→3' se denomina hebra retardada ("tarda más en fabricarse").

El mecanismo de síntesis de la segunda hebra fue descrito por el matrimonio Okazaki en 1968. Se sintetizan fragmentos de unos 1000 nucleótidos separados por pequeños cebadores sintetizados cada vez por la primasa. El cebador es sustituido por las ADN polimerasas y los enlaces fosfodiéster entre fragmentos son aportados por la ADN ligasa.

c) Corrección de errores

Como ya he comentado, las ADN polimerasas son capaces de re-leer y escindir los nucleótidos que, por estar mal unidos, no permitan una correcta helicidad del ADN. Esta parece ser la señal principal con la detectan un par de bases erróneo.

Los errores del ADN, no obstante, pueden eliminarse por más de una vía. Dos de las más comunes son la reparación por eliminación de bases y la reparación por escisión de nucleótidos. Ambos mecanismos emplean, para el reconocimiento de la base, un mecanismo conocido como *base flipping*, en el que una de las bases es extraída momentáneamente del ADN e introducida en un bolsillo de la enzima glucosilasa, que realiza un reconocimiento interno de las propiedades de la base y la devuelve a su lugar o la escinde.

2.1.2. Peculiaridades de la replicación en eucariotas

El material genético de los eucariotas es más complejo y, por ello, en bastantes detalles, su replicación muestra diferencias con respecto a la de procariotas. Citaré las siguientes diferentes. En eucariotas…

- existen diversos orígenes de replicación y el proceso se realiza de forma simultánea a partir de todos ellos. Algunos cromosomas eucariotas pueden iniciarse en más de 5000 sitios y quedar replicados en apenas 2 o 3 minutos

- existen, como para casi cualquier función celular, enzimas análogas pero ligeramente diferentes. En concreto, en eucariotas encontramos 5 ADN polimerasas ($\alpha,\beta,\gamma,\delta,\varepsilon$)

- para que se dé la replicación, el ADN ha de separarse de las histonas. No obstante, estudios recientes parecen indicar que esta separación no es muy drástica, sino que mantienen una ligera asociación durante todo el proceso

- en los extremos de los cromosomas, hay unas estructuras denominadas telómeros, que evitan su degradación y cuyo acortamiento está muy relacionado con los procesos de envejecimiento y muerte celular programada (apoptosis)

2.2. La transcripción

El mecanismo de transcripción (paso de ADN a ARN) se basa en una polimerización de nucleótidos muy similar a la ocurrida durante la replicación, pero con tres diferencias básicas:

- Se fabrica ARN
- El ARN fabricado es de poca longitud
- El ARN sintetizado no se queda unido a la cadena molde sino que se separa y queda libre en forma monocatenaria

En una célula se fabrican varios tipos de ARNs.

- **ARNhn** (heterogéneo nucleolar). Tras ser transcrito puede entrar en un proceso de maduración y transformarse en ARN mensajero, que será traducido a proteína

- **ARNsn** (pequeño nuclear). Se trata de un tipo de moléculas de enorme importancia, ya que modulan procesos como el *splicing*, la acción de la telomerasa en el reconocimiento de extremos del cromosoma, etc.

- **ARNr** (ribosómico). Es el que constituirá, unido a un amplio conjunto de proteínas, las 2 subunidades del ribosoma

- **ARNsno** (pequeño nucleolar). Este tipo de ARN se encarga de dirigir la maduración de los ARNr en el nucleolo.

Aunque el ARN sea de cade simple, esto no significa para na que su estructura en disolución se monocatenaria. La idea de que " ADN es una doble hélice y el A un hilo" es errónea. **El ARN repljega sobre sí mismo y forr estructuras de doble cadena c siempre que está en un entor acuoso.** Un ejemplo claro es dibujo del ARN de transferenc que sale en muchos libros de tex Al ARN mensajero le ocurre igu Finalmente, señalar que conformación tridimensional cada ARN en disolución depene de su secuencia y constitu actualmente una intensa área e estudio.

. . .

La tasa de transcripción es u medida del grado de expresión d genoma. En la actualida **mediante el uso de lo que conoce como DNA-arrays o DN chips, puede saberse, en experimento que dura unos minute la tasa de expresión de unos 2000 genes** de un mismo genom Además, pueden probar diferentes condiciones activación/ inhibición en diferent experimentos. Se puede decir c mucha claridad que la introducci de esta técnica ha significado paso históricamente clave en l estudios de expresión génica (en década de los 90, el estudio c patrón de expresión de un solo g en diferentes condiciones poc llevar un año de trabajo... y ahor en unos minutos, sabemos qué ha casi la mitad del genom Conviene señalar, no obstante, q en el análisis del patrón de expresi de un DNA-array, el mensaje n siempre es claro, porque c siempre el ruido es mayor que señal, lo que precisa de sofisticado apoyo informático, q aún hoy (2007) está bajo un inter trabajo de mejora.

. . .

8

- **ARN$_t$** (de transferencia). Se trata de las moléculas encargadas de unir aminoácidos individuales para insertarlos en la proteína naciente, en el contexto estructural del ribosoma y siguiendo las reglas del código genético

- **ARN$_{mit}$** y **ARN$_{chl}$** (ARN de mitocondrias y cloroplastos), zonas en las que también se produce transcripción genética, a partir de genomas propios

El ARN más abundante es el ARN$_r$. El ARN$_{hn}$ representa tan sólo ~3-5% del total. No obstante, por su importancia, al ser el que dará lugar a las proteínas, la explicación de la transcripción que sigue va a estar basada en esta forma de ARN.

2.2.1 Actores del proceso de transcripción

- El **ADN molde**. Se utiliza como molde una de las dos cadenas del gen que se va a expresar (en concreto, la que va en sentido 3'→5'). De esta forma, el ARN transcrito va creciendo en sentido 5'→3'.
-
- **Ribonucleótidos trifosfato**. Representantes de los cuatro nucleótidos típicos del ARN (A, C, U, G) estarán presentes en la fracción soluble en su forma energéticamente activada. La energía que tienen acumulada, principalmente en el último enlace fosfodiéster, la emplearán para unirse mediante un enlace éster al grupo –OH en posición 3' del nuevo ARN.

- **ARN polimerasa II**. Se trata de un complejo enzimático que cataliza todo el proceso de adición de nuevos nucleótidos al ARN naciente. Emplea un mecanismo muy selectivo basado en varias interacciones, no sólo la pauta de puentes de hidrógeno sino también la energía de apilamiento o la interacción con las moléculas de agua circundantes. Este complejo enzimático ha de ser capaz, además, de reconocer señales específicas que indican la terminación de un gen.

- **Factores basales.** Proteínas que se unen a la región

promotora y ayudan a la ARN polimerasa a situarse en el lugar de iniciación de la transcripción.

- **Factores de transcripción.** Se unen a secuencias potenciadoras, silenciadoras o promotoras y modulan la tasa de transcripción.

2.2.2. Etapas del proceso de transcripción

a) Iniciación

La primera parte del proceso consiste en atraer y situar la maquinaria enzimática adecuadamente y establecer cuáles serán las condiciones (intensidad, velocidad,...) del proceso de transcripción.

Existen diversas secuencias, externas a las regiones codificantes, que acompañan a los genes eucariotas y determinan estas condiciones iniciales. Son de tres tipos:

- **Secuencias potenciadoras** → ubicadas entre 200 y 10000 nucleótidos antes del inicio de la transcripción. A ellas se unen algunos factores de transcripción y realizan las siguientes tareas.
    o Disociar los octámeros de histonas unidos al ADN y permitir la descondensación de la fibra de ADN, de forma que estén accesibles las secuencias promotoras.
    o Permitir que tanto factores basales como ARN polimerasa II se integren estructuralmente cerca del origen de transcripción y puedan funcionar conjuntamente.

- **Secuencias silenciadoras** → situadas intercaladas en la misma zona que las secuencias potenciadoras. A ellas se unen los factores represores de la transcripción e impiden las funciones desarrolladas a partir de las secuencias anteriores. En definitiva, son un mecanismo para modular negativamente la tasa de transcripción.

- **Secuencias promotoras** → a ellas se unen los factores basales y la ARN polimerasa II para iniciar la transcripción. Existen 3 secuencias conocidas en eucariotas.
    o TATA box (o caja de Goldberg-Hogness), situada 25 nucleótidos antes del inicio.
    o Secuencia CAAT, a unos 80 nucleótidos del inicio.
    o Secuencia rica en GC, ubicada a 120 nucleótidos del inicio.

b) Elongación

La ARN polimerasa se une a la región promotora y separa ligeramente ambas cadenas de ADN. Se trata de una reacción reversible que (a diferencia de lo que ocurre con la actividad helicasa de la replicación) no requiere energía en forma de ATP. En este momento, la enzima empieza a sintetizar una serie de oligonucleótidos cortos (de aproximadamente 10 nucleótidos) de forma ineficiente, hasta que uno de ellos se une con buena afinidad. A partir de este instante, una subunidad de la polimerasa, el factor sigma, se desengancha y la elongación prosigue del ARN nuevo prosigue.

La ARN polimerasa avanza en sentido 3'→5', fabricando un ARN nuevo de polaridad 5'→3' gracias a la contínua adición de ribonucleótidos-trifosfato, que se unen por enlace éster a la cadena preexistente.

El proceso transcurre a una velocidad de aproximadamente 30 nucleótidos incorporados por segundo. A esta velocida, en tan sólo una hora, una célula normal puede obtener más de 1000 tránscritos de un solo gen.

No es necesario que concluya la transcripción de un gen para que se inicie el proceso de nuevo. De hecho, la transcripción de un mismo gen puede estarse realizando simultáneamente por varios complejos de ARN polimerasa.

c) Terminación

Al llegar a una secuencia de seis nucleótidos con composición TTATTT, la polimerasa se detiene y deja escapar el ADN molde, finalizando así el proceso de transcripción.

2.2.3. Maduración del ARN transcrito

El ARN producido en el proceso anterior sufre una serie de modificaciones químicas necesarias para poder ser conducido eficientemente al ribosoma y traducido a una proteína. Las principales acciones de maduración son las siguientes:

- Adición de una cola de poliadenina (**cola poliA**). Se trata de unas 100-200 adeninas unidas en el extremo 3' del ARN, que resultan cruciales para que sea transportado al retículo endoplasmático rugoso.

- Adición de metil-guanosina-trifosfato en el extremo 5' (**cap de metilguanina**). Resulta importante por dos razones:
  - o Evita la existencia de un extremo 5' libre, por el que el ARN podría ser rápidamente degradado por acción de exonucleasas.
  - o Es una señal que los ribosomas reconocen de cara al inicio de la traducción.

- Proceso de *splicing*. Los genes eucariotas contienen fragmentos que no codifican para una proteína, aunque pueden estar incluidos en el ADN original. De hecho, constituyen un gran porcentaje del ADN original. Estos fragmentos, denominados intrones, han de ser eliminados para que se pueda llevar a cabo la traducción. Se trata de un proceso complejísimo, y una fuente de variabilidad genética enorme, dado que la eliminación de intrones puede culminar en productos muy diversos, todos ellos traducibles a proteína (*splicing* alternativo). Algunos genes de *Drosophila melanogaster* tienen caracterizadas hasta 1000 variedades diferentes de productos para un mismo ARN_{hn}, lo que ilustra la importancia del splicing alternativo en el proceso global de la expresión génica.

La acción molecular de una de las setas más venenosas que se conocen (*Amanita phalloides*), reside en el poder que tiene uno de sus alcaloides (1α-amanitina) de bloquear la acción de la ARN polimerasa II.

...

No sufren únicamente splicing los ARN destinados a ser ARN_m, sino también muchos de los que serán finalmente ARN_r o ARN_t.

...

Generalmente, el *splicing* viene dirigido por una maquinaria enzimática denominada espliceosoma. Ahora bien, algunas veces el proceso de maduración de un ARN es catalizado directamente por ese mismo ARN, fenómeno que se denomina *autosplicing*.

Antes de acabar, resulta necesario señalar que la descripción anterior corresponde a la trascripción en organismos eucariotas. A continuación señalo las principales diferencias que presenta el mismo proceso en células procariotas.

- No es necesario descondensar la cromatina

- El escenario de factores de trascripción y factores basales es mucho menos complejo.

- El ARN transcrito no sufre los mismos procesos de maduración, ya que, entre otras circunstancias, no está fragmentado en intrones y exones.

Para finalizar este apartado dedicado a la transcripción, indicar que existen numerosos procesos que afectan al patrón de expresión génica de una célula, como pueden ser los trasposones (elementos que saltan dentro del genoma), o los retrovirus (que integran su material genético en el genoma de la célula mediante procesos de transcripción inversa), existen recombinaciones genéticas y cromosómicas, etc. Todos estos puntos serán expuestos brevemente en el apartado 2.4.

2.3. La traducción

Desde los años 50, sabemos que existe un código genético y que la información contenida en el ARN mensajero (ARNm) como una secuencia de bases nucleotídicas, se traduce en una secuencia de aminoácidos según este código genético.

Cada 3 nucleótidos consecutivos darán lugar, mediante un complejísimo sistema bioquímico, **a un aminoácido** en la secuencia de la proteína sintetizada. Existen tres tripletes que no codifican, habitualmente, para ningún aminoácido. Son los tripletes UGA, UAA, UAG y constituyen señales de terminación.

Para seguir un **orden lógico en la explicación** del mecanismo, me referiré primero a los **actores**, luego a la **acción** y, finalmente, a algunos modos de **regulación**.

2.3.1. Actores

El **ribosoma** es un gran complejo macromolecular compuesto por ARN ribosómico (ARNr) y proteínas que contiene 2 subunidades. Estas subunidades, una vez ensambladas, dan lugar a 3 cavidades:
- cavidad E (exit) → lugar por donde sale la proteína ya formada
- cavidad A (aminoacil) → zona en la que entra un ARN de transferencia (ARNt) y reconoce a un triplete del ARNm, antes de que el aminoácido correspondiente se una a la proteína en formación
- cavidad P (peptidil) → zona en la que el ARN de transferencia (ARNt) sigue unido a un triplete del ARNm, una vez que su aminoácido ya se ha unido a la proteína en formación

La estructura del ribosoma se conoce a nivel de detalle atómico (5.5Å de resolución) desde el año 2001, gracias a un trabajo publicado en *Science* por Yusupov et al. Se sabe que, junto al ARNr, hay más de 50 tipos de proteínas distintas y que en una sola célula puede haber más de 1 millón de ribosomas.

Los **ARNt** son moléculas de ARN de estructura a grandes rasgos común, que llevan un aminoácido unido en un extremo y presentan un triplete de nucleótidos en el otro. La asociación es unívoca. Un mismo triplete siempre, o casi siempre, lleva enganchado el mismo aminoácido. Ahora bien, un mismo aminoácido puede ser llevado por ARNt con diferentes tripletes (lo que se conoce como degeneración del código genético).

El **ARNm** ha sido sintentizado en el proceso de transcripción. Primero fue un ARN inmaduro, que contenía mucha información además del gen (se denomina ARNhn – de *heterogeneous nuclear-*). Posteriormente, aún en el núcleo, se le eliminaron fragmentos no informativos (intrones) y se formó un ácido nucleico con muy poca información además de la que puede traducirse a proteína. Este fragmento, que sale del núcleo para ser recibido por los ribosomas citoplasmáticos sobre la pared del retículo endoplasmático rugoso, es el ARNm.

Existen, además muchos actores secundarios, que irán apareciendo al explicar el mecanismo.

2.3.2. Acción

Los ARNt quedan modificados con sus aminoácidos correspondientes gracias a proteínas específicas. Este es un proceso que tiene lugar en el núcleo, antes de salgan los ARNt al citoplasma. El proceso consumirá ATP y su velocidad y especificidad están altamente reguladas por maquinaria enzimática.

Los ARNt entran en el ribosoma (cavidad A) y allí verifican, por interacciones de puente de hidrógeno y apilamiento, si son o no complementarios al triplete de nucleótidos del ARNm que en ese momento ocupa la cavidad A. En el proceso intervienen unas proteínas llamadas factores de elongación (EF) que, junto con el ribosoma, aseguran la fidelidad del proceso (sólo 1 de cada 10000 veces, el aminoácido seleccionado es erróneo).

Desde la entrada del ARNt en el ribosoma (que ya contiene el ARNm correspondiente) pueden distinguirse claramente **3 etapas**...

-   etapa I → unión del ARNt al ARNm (cavidad A)
-   etapa II → formación del enlace peptídico nuevo
-   etapa III → el ARNm se mueve una distancia de 3 nucleótidos

... y a partir de ahí vuelve a empezar el proceso, hasta que se llega a algún triplete del ARNm no reconocido por ningún ARNt, con lo que se acaba la síntesis proteica.

Todo **el proceso es dependiente de energía química**, suministrada en este caso en forma de GTP.

Existen señales en el ARNm que indican un inicio de la traducción. La más conocida es el codón AUG, que codifica para el aminoácido Met, por el que empezarán todas las proteínas eucariotas, aunque posteriormente, en la maduración post-traduccional de la proteína, este y otros aminoácidos se pierdan.
Las proteínas, una vez sintetizadas, son transportadas al lugar en el que son más funcionales y, una vez que la célula considera que son suficientemente viejas o inservibles, se les añade una marca (ubicuitina), que servirá para que sean reconocidas y llevadas selectivamente al proteasoma, un orgánulo celular especializado en su degradación.

2.3.3. Regulación

La biosíntesis proteica puede regularse a nivel de traducción por diferentes procesos...

- procesamiento de las proteínas una vez ya formadas (**fosforilación, acilación, glicosilación,...**) Un ejemplo típico es la glicosilación de algunas proteínas de la membrana de los eritrocitos. Dependiendo de los azúcares añadidos a estas proteínas decimos que estas células tienen el antígeno A, el B o ninguno. Esta es la base de la existencia de grupos sanguíneos en humanos.

- **transporte selectivo** de las proteínas formadas

- **ARN** *slippage*, este proceso ocurre, por ejemplo, cuando las proteínas del virus de la inmunodeficiencia humana (VIH) se traducen en un linfocito T_{helper} humano. A veces, el ribosoma, en vez de saltar sobre el ARNm de 3 en 3 nucleótidos, puede dar algún salto esporádico de 2 o 1 nucleótido, cambiando totalmente la pauta de lectura. Así es como este virus consigue, con un material genético muy reducido, fabricar proteínas muy distintas.

- adición de grupos prostéticos a las proteínas formadas y **formación de estructuras cuaternarias**

...ahora bien, la regulación más importante de la biosíntesis proteica viene dada (tanto para la velocidad del proceso como para la naturaleza del producto fabricado) en el proceso de transcripción y maduración post-trascripcional descritos en el apartado anterior.

2.3.4. Destino de las proteínas fabricadas

La traducción puede tener lugar en ribosomas que estén en la fracción citosólica soluble o en los que están asociados al retículo endoplasmático. Como regla muy general, las proteínas cuyo destino es el núcleo, los procesos metabólicos citosólicos, las mitocondrias o los cloroplastos se fabrican en el citosol. Las que van a ser incorporadas a las membranas celulares o enviadas al exterior celular se fabrican en el retículo endoplasmático.

Existe una huella química, una especie de "código postal", que permite a la maquinaria celular dirigir a las proteínas a su destino funcional. Se trata de un fragmento de unos 20-30 aminoácidos, ubicados cerca del extremo N-terminal, denominada *péptido señal*, que es reconocido por chaperonas que median el transporte preciso de la macromolécula.

2.4. Fenómenos moleculares relacionados

2.4.1. Regulación de la expresión génica: el operón

Expondré muy brevemente el ejemplo clásico de regulación génica en procariotas descrito por F. Jacob y J. Monod hacia los años 70. Obviamente, la regulación génica presenta niveles de complejidad muy superiores, tanto en procariotas como, por supuesto, en células eucariotas, pero este modelo sirve para entender el funcionamiento de otros mecanismos de regulación.

Llamamos operón a un conjunto de genes que expresan las proteínas implicadas en una ruta metabólica concreta, por ejemplo, la síntesis de un compuesto químico, y todos algunos genes que de alguna forma intervienen en la modulación de la velocidad de síntesis.

En este sistema encontramos los siguientes elementos...

- genes estructurales (los que tienen la información para las proteínas de la ruta) localizados en un mismo fragmento de ADN (ADN policistrónico)

- genes reguladores, fabrican una proteína que regula la velocidad de la ruta. Hablaremos de una proteína activadora (si acelera la síntesis) o represora (si la frena)

- promotor, secuencia de ADN que señala el inicio de la transcripción (generalmente, como ya he comentado es la secuencia TATATT)

- operador, secuencia que se sitúa entre el promotor y los genes estructurales y es reconocida específicamente por la proteína represora

La inhibición o enlentecimiento de la ruta tiene lugar por unión de la proteína represora al operador. La aceleración, por el contrario, no tiene que ver con esta región sino con el hecho de que las proteínas activadoras facilitan la unión de la ARN polimerasa al promotor.

Variaciones sobre este esquema básico y teórico permiten explicar la enorme cantidad de estrategias reguladoras de la expresión génica descritas hasta la fecha, que es imposible citar dada la duración de esta prueba.

2.4.2. La retrotranscripción

En ocasiones el ARN puede ser transformado en ADN por medio de una enzima denominada retrotranscriptasa, oponiéndose al flujo normal de expresión génica.

Este fenómeno se empezó observando en retrovirus (una gran familia de virus que incluye al VIH). No obstante, se trata de un fenómeno particularmente extendido.

Estudios muy recientes (2006) muestran como un 8% del genoma humano, en promedio, está ocupado por elementos que, por su secuencia, podrían participar de una reacción de este tipo y que se suponen provenientes de retrovirus que se insertaron en las células germinales de nuestros antepasados. Estudios filogenéticos muestran que la mayoría de estas secuencias presentan antigüedades superiores a los 30 millones de años.

Estos elementos se recogen bajo la denominación de HERV (*Human endogenous retroviruses*) y forman parte de nuestra constitución genética.

2.4.3. Transposones

Se trata de elementos que, en un determinado momento, se escinden del ADN y se vuelven a insertar en una localización genómica distinta. Fueron descritos por primera vez por Barbara McClintock en 1951.

Los recientes estudios este campo han demostrado que...

- muchos de estos elementos están directamente relacionados con virus, como sugiere, entre otros muchos detalles, la presencia de secuencias LTR flanqueando normalmente los transposones

- en muchas ocasiones el movimiento de los transposones está controlado epigenéticamente por la célula que lo alberga

- estos elementos modulan aspectos estructurales y funcionales de los genomas que habitan

- para escindirse e intergrarse necesitan de maquinaria enzimática. Estas proteínas, de las que existe una amplia variedad, se conocen como transposasas

Existen muchos tipos de transposones. Unos muy curiosos son los retrotransposones, que funcionan de la siguiente manera: el ADN transcribe un ARN, éste es copiado a ADN por la transcriptasa inversa y reinsertado en otro lugar del genoma (en un proceso análogo al realizado por retrovirus).

2.4.4. Transplicing

Es un fenómeno de modulación molecular de la expresión génica descrito muy recientemente. He comentado anteriormente la existencia de fenómenos de *splicing* en la maduración del ARN antes de llegar a los ribosomas.

El mensaje explicado por un mismo gen puede diferir en diferentes momentos según este proceso. Así pues, se han descrito genes de *Drosophila melanogaster* en los que el fenómeno de *splicing* puede dar lugar a más de 1000 variantes del mensaje de un mismo gen.

Como un elemento más de complejidad se ha descrito el *transplicing*. Se trata de un proceso en el que ARNs provenientes de genes diferentes combinan sus exones para producir un nuevo ARN_m mixto. Es decir, se fabrica una proteína como combinación de informaciones de dos genes diferentes.

Este fenómeno, unido al del *splicing* y a muchos otros, nos puede permitir ser escépticos cuando se habla de la cantidad de genes estimados en un organismo. ¿Corresponde este número con la cantidad de proteínas que este organismo es capaz de fabricar?

2.4.5. ARN de interferencia

Se trata de unas moléculas de ARN que reconocen específicamente regiones del genoma silenciando el nivel de expresión de algunos genes.

Esta molécula, elegida molécula del año por la revista *Cell* en el año 2002, se suma a la gran cantidad de factores (normalmente proteicos) que regulan la expresión génica.

Moléculas muy similares se han visto implicadas en el control de la maduración de ARNs en el núcleo, en el bloqueo de la traducción de ARNs citosólicos (mecanismo muy importante, por ejemplo, en la definición de los patrones de desarrollo embrionario en *Drosophila*),... y en muchos otros procesos de control del flujo de información genética

3. LA INGENIERÍA GENÉTICA Y SUS APLICACIONES

Los términos biotecnología, ingeniería genética, tecnología del ADN recombinante,... son expresiones comunes de cualquier texto de biología molecular actual.

Así pues, puede entenderse la ingeniería genética como cualquier proceso de manipulación del material genético (corte, unión, transferencia entre organismos, reproducción masiva,...). Entenderemos como ADN recombinante a aquel que procede de la combinación de varios fragmentos originalmente separados. De esta forma, en muchos textos se encuentran como sinónimos ingeniería genética y tecnología del ADN recombinante. La biotecnología es un concepto más amplio, que engloba los citados anteriormente pero incluye muchos otros (cultivos celulares, fabricación de anticuerpos, producción de compuestos químicos empleando cultivos bacterianos...).

Evidentemente, resulta muy pretencioso realizar un resumen siquiera de las principales herramientas y aplicaciones de la ingeniería genética. Deben ser rigurosamente más de mil artículos los que mensualmente aparecen en la literatura científica sobre temas que podrían englobarse aquí. Desde los aparecidos semanalmente en publicaciones más generales como *Science, Nature, New York Times, Chemical&Engineering News,...* hasta pertenecientes a revistas más monográficas sobre el tema (*Genetic analysis techniques and applications, Genetic technology news,...*). Si consultamos la biblioteca, por ejemplo, de la Universidad de Barcelona (2008), 43 revistas se reciben periódicamente con el término "biotechnology" en su título o subtítulo. Por último, basta mirar el catálogo de cualquier empresa de biotecnología para darse cuenta de que el volumen de información es abrumador.

Por ello, mi exposición sobre este tema comprendo que será parcial. La estructuraré en dos bloques: las herramientas/técnicas más comunes (o más pioneras) de la ingeniería genética, y algunas de las aplicaciones más conocidas, que podrían por ejemplo explicarse en un curso de bachillerato.

3.1. Herramientas de la ingeniería genética

Endonucleasas de restricción. Se trata de enzimas fabricadas por bacterias que han sido aprovechadas por su capacidad de cortar el ADN en puntos específicos dependiendo de su secuencia. Normalmente reconocen peuqeños fragmentos de secuencia palindrómica (que se lee igual en ambos sentidos). Pueden ser fragmentos de 4 bases, de 5, de 8,... cuya abundancia en el genoma depende lógicamente de su longitud, determinando así el grado de fragmentación final del ADN y el tamaño de los fragmentos obtenidos.

Fueron descubiertas por D. Nathans, W. Arber y H. Smith y aplicadas por primera vez en la modificación de E. coli para la fabricación de insulina humana. Este descubrimiento les llevó a obtener el Premio Nobel en 1978, considerándose los padres de la tecnología del ADN recombinante. En la actualidad existen más de 100 enzimas de este tipo.

Como parte de su mecanismo de acción, estas enzimas, al cortar el ADN, suelen dejar libres dos extremos de cadena sencilla, que además son complementarios entre sí y permiten la unión específica de nuevos fragmentos o el cierre del ADN cortado.

Ligasas. Se trata de enzimas encargadas de unir los fragmentos de ADN una vez que estos se han unido por complementariedad de bases.

Vectores de clonación. Son moléculas de ADN de naturaleza diversa que permiten la clonación de fragmentos de ADN, proceso que explicaré en el apartado siguiente. Todas ellas han de contener varios elementos:

- un origen de replicación, para poder copiarse

- un gen de resistencia a algún antibiótico, para poder ser seleccionados en medios de cultivo restrictivos

Conocemos varios tipos: plásmidos, cromosomas artificiales de levaduras (YACs), cromosomas artificiales de bacterias (BACs), virus bacteriófagos, cósmidos (plásmido especial que contiene las secuencias cos del fago λ),...

Vectores de expresión. Se trata de las mismas construcciones genéticas anteriores, pero en las que se ha incorporado un promotor fuerte, por ejemplo, el promotor de algunos genes de citomegalovirus, muy empleado).

3.2. Aplicaciones más comunes

a) Clonación del ADN

Consiste en la producción de muchas copias idénticas de un fragmento de ADN. Para levarla a cabo se utilizan vectores de clonación, citados anteriormente. El proceso de clonación de un gen en bacterias (o en otro tipo de cultivos celulares) sigue los siguientes pasos.

- obtención de los vectores recombinantes → se trata de una reacción bioquímica en la que participan los vectores, el fragmento de ADN a clonar, las endonucleasas y las ligasas, sin entrar en más detalles técnicos obviamente presentes en este y en el resto de procedimientos que comentaré

- transformación → introducir el vector de clonación en las bacterias

- eliminación de las bacterias no-transformadas → esto se consigue empleando un medio de cultivo con el antibiótico para el que el vector confiere resistencia

- multiplicación de las bacterias transformadas

La clonación puede emplearse para crear genotecas con el ADN de un organismo entero. Éstas pueden contener todo el genoma o sólo aquella parte del genoma que se expresa. ¿Cómo se consigue esto último? Tratando los ARNm con transcriptasa inversa y produciendo fragmentos de ADN complementaros sólo de aquellas porciones del genoma que se transcriben (ADN$_c$).

b) Amplificación de un fragmento de ADN por PCR

En ocasiones, la muestra de ADN que se quiere estudiar es muy escasa. Este procedimiento permite obtener multitud de copias de un pequeño fragmento. El uso quizá más llamativo de esta técnica puede ser su aplicación a estudios de criminología o paleontología, no obstante, su utilización real es mucho más amplia.

La técnica se denomina Reacción en Cadena de la Polimerasa (PCR, según las siglas inglesas) y fue propuesta en 1971 por Kleppe y cols en el *Journal of Molecular Biology*. Actualmente se ha estandarizado y automatizado su uso.

En la cubeta de reacción se necesitan los siguientes elementos...

- El fragmento de ADN a amplificar
- Primers complementarios a las regiones 5' y 3' de este fragmento
- La Taq polimerasa o cualquier otra que funcione a velocidad óptima a 70°C y no se desnaturalice a 95°C (se conocen varias en la actualidad)
- Nucleótidos trifosfato
- Una disolución con capacidad amortiguadora del pH y con algunos cationes esenciales (magnesio, potasio,...)

La reacción funciona en sucesivos ciclos, cada uno de los cuales tiene los siguientes tres pasos...

- Desnaturalización del ADN, para lo que se lleva la temperatura a ~95°C durante unos segundos
- Hibridación de los primers, para lo que se baja la temperatura a ~60°C
- Elongación del ADN, a una temperatura de ~75°C (para Taq, esto depende de la polimerasa empleada)

c) Localización específica de genes

Consiste, aunque hay muchas variaciones técnicas, en marcar un ácido nucleico que se unirá complementariamente a la secuencia buscada indicándonos su presencia en una determinada muestra o lugar.

El marcaje puede ser radiactivo, fluorescente, cromático, con metales pesados,... Las modalidades de detección también varían, desde la detección simple sobre "manchas" de una determinada muestra (*dot blot*) hasta procedimientos más sofisticados e informativos como la hibridación *in-situ*.

d) Generación de organismos transgénicos

Notar que se emplea actualmente mucho la terminología "organismos genéticamente modificados" en vez de "transgénicos", para especificar que el gen no tiene porqué provenir de otro organismo. Bien, que la nomenclatura no nos entretenga y nos impida ver el fondo.

La primera bacteria recombinante fue *E. coli*, que en 1973 se consiguió que expresara un gen de *Salmonella*. En 1978 se fundó en EEUU la primera compañía (Genentech) que empleaba este tipo de técnicas en su producción industrial.

La utilidad y extensión de los organismos transgénicos hoy en día es muy evidente y sus usos variadísimos (producción de proteínas específicas, biodegradación de residuos, mejora alimentaria, producción de fármacos,...)

Dos menciones especiales merecen las aplicaciones siguientes...

- Producción de **animales *knock-out***. Se trata de una técnica mediante la cual se elimina (o se hace no-funcional) un gen en todas las células del individuo. Esto permite estudiar con detalle la función de este gen. Los primeros *knock-outs* tenían el problema de que la eliminación del gen era letal en las primeras etapas del desarrollo. Para superar esta carencia, se ha llegado a los *knock-outs selectivos*, en los que la inactividad del gen se puede inducir una vez que ya ha alcanzado la edad adulta.

- **Clonación de organismos**. Es la obtención de organismos que comparten todas las características genéticas de otro organismo, del que se ha extraído (a partir de una célula somática) toda la información genética. La aparición, el 5 de Julio de 1996, de la oveja Dolly (primer mamífero clonado), es posiblemente el caso más paradigmático (aunque no el primero) de esta técnica.

e) Células madre y terapia génica

No son conceptos que tengan que ir forzosamente relacionados (puede haber terapia génica sin células madre y regeneración tisular sin necesidad de que las células hayan sido modificadas genéticamente con fines terapéuticos), pero los comento juntos como conclusión a este capítulo de técnicas forzosamente parcial.

Podríamos decir que una célula tiene capacidad potencial de dividirse ilimitadamente en tipos celulares iguales o distintos a sí misma. Esta capacidad varía de unas células a otras, yendo desde niveles prácticamente nulos a niveles muy altos. Las células que, en esta escala, presentan niveles elevados, se denominan "**células madre**", pudiendo distinguirse tres tipos...

- Células madre totipotentes (estaríamos hablando del zigoto, capaz de generar todos los tejidos incluida la placenta)

- Células madre pluripotentes o embrionarias (capaces de generar muchos tejidos pero no la placenta)

- Células madre multipotentes (provenientes de organismos adultos, capaces de generar algunos tejidos específicos)

Las células madre pueden provenir directamente del embrión, del cordón umbilical o de algunas zonas del organismo adulto.

Existen patologías de origen genético que podrían (hipotéticamente) ser corregidas mediante la modificación de ciertos genes. Existen también algunas estrategias terapéuticas que se basan en la producción de una proteína, que podría ser llevada a cabo por una célula de nuestro cuerpo, o administrada exógenamente (es el caso, por ejemplo, de las vacunas de ADN). Estos y algunos otros conceptos podrían englobarse dentro de la estrategia de la **terapia génica**, con lo que concluyo este apartado de aplicaciones de la ingeniería genética.

4. SU DIMENSIÓN ÉTICA

En la actualidad, existe una idea que parece venir a la cabeza espontáneamente al hablar de ciencia, y es la necesidad de considerar sus implicaciones éticas. Esta idea, referida a la biomedicina en general y a la ingeniería genética en particular, está en boca de muchas personas e instrumentos de expresión pública.
Los logros, en forma de explicaciones o de aplicaciones, de la ciencia tienen una profunda repercusión en la sociedad. Por ello, la ciencia es responsable

ante la sociedad de sus acciones. Esto es lo que podríamos denominar dimensión ética de la ciencia.

En efecto, el hecho de que la ingeniería genética tenga una relación con la sociedad, tiene aspectos positivos...

- mejora las condiciones de vida (en materia de sanidad, alimentación, tecnología,...)

- favorece que los objetivos de la investigación tengan un interés y una proyección social

- estimula el trabajo de los científicos, cuya intensidad podría tender a ser menor si "no han de dar cuentas de lo que hacen", aunque sea muy esporádicamente, o si no se ven de alguna forma interpelados y evaluados por "lo que consiguen otros"

- potencia la difusión pública de los resultados

...aunque también reviste algunos peligros...

- muchas veces se potencia la ciencia aplicada frente a la ciencia básica, siendo esta última el verdadero y necesario motor para que las innovaciones sean reales y no simplemente modificaciones cuantitativas o, como se diría en el lenguaje coloquial, "más de lo mismo"

- la tensión por publicar los resultados, a los que indirectamente acaba asociándose la financiación económica de los investigadores, favorece la aparición de resultados no contrastables, preliminares, poco verificados y, por tanto, parcialmente falsos

- la competitividad entre investigadores puede ser elevada y, en ocasiones, provocar que la colaboración de cara a un mismo fin sea poco fluida

- en ocasiones, también, puede emplearse la ciencia (aunque no se haya aplicado con el rigor y trabajo necesarios) como garante de algunas posiciones ideológicas o políticas. Estos fines pueden perseguirse a veces con mecanismos poco nobles como las *mafias editoriales o periodísticas*, que dificultan la aparición de investigaciones independientes que lleguen a conclusiones no deseadas

- algunas aplicaciones de la ingeniería genética vulneran derechos fundamentales de los seres humanos, como el derecho a la vida, de lo que hablaré a modo de conclusión

Evidentemente, son numerosas las aplicaciones biotecnológicas que encontramos y es indudable su papel en la mejora de las condiciones de vida de los seres humanos.

No obstante, los científicos, personas libres, no están obligados a creer dogmáticamente en la siguiente afirmación: *"todo lo técnicamente posible es deseable, intrínsecamente bueno y el desarrollo humano exige como deber su ejecución práctica"*. Es más, su libertad está condicionada a su capacidad de hacer un uso inteligente de sus conocimientos, que pasa por procurar el bien de aquellos con los que comparten la misma dignidad: el resto de personas.

Toda aplicación que implique la muerte (incluso la alta probabilidad de muerte o daño) de otra persona, haya nacido o no, tenga más o menos cromosomas, más o menos fuerza física o económica,... es una aplicación que vulnera los principios fundamentales de la persona destinataria y de la persona que contribuye a esta aplicación.

5. CONCLUSIÓN

He tratado de exponer los orígenes de la genética molecular como disciplina científica, para pasar a describir sus mecanismos fundamentales: replicación, transcripción y traducción. En este punto, he mencionado algunos aspectos curiosos como la presencia de genes que saltan en el genoma, los procesos alternativos de maduración del mensaje, el ARN de interferencia,...

Finalmente, me he centrado en las herramientas, usos y dimensión ética de la ingeniería genética. Con ello doy por terminada mi exposición.

Bibliografía útil:

ALCAMÍ, J. y otros (2002) "Biología – 2° bachillerato", Ed. SM

DRAGONI, G. ; BERGIA, S. y GOTTARDI, G. (2004) "Quién es quién en la ciencia" (Vols. I y II), Ed. Acento

FOX KELLER, E. (2002) "El siglo del gen", 1°ed, Ed. Península

LEWIN, B. (2007) "GENES IX", 9°ed, Oxford University Press.

MAYOR ZARAGOZA, F. y BEDATE, C.A. (2003) "Gen-Ética", 1°ed, Ed. Ariel

PANADERO CUARTERO, J.E. y otros. (2003) "Biología – 2° bachillerato", Ed. Bruño

SANZ, M. y otros. (2002) "Biología – 2° bachillerato", Ed. Oxford

SUZUKI, D.T. y otros (2002) "Genética", 7° ed, Ed. Interamericana-McGrawHill

TEMA 65

LA NATURALEZA DE LA EVOLUCIÓN.
MECANISMOS Y PRUEBAS. PRINCIPALES
TEORÍAS.

0. INTRODUCCIÓN

Los seres vivos engendran nuevos seres vivos. En esta sucesión de formas, los rasgos morfológicos, los mecanismos bioquímicos, las agrupaciones celulares,... no se mantienen constantes sino que experimentan una variación en el tiempo.

Esta variación hoy sabemos que tiene una base genética. Es decir, aquellas novedades que vienen determinadas por una modificación de los genes, son susceptibles de ser transmitidas a la descendencia. Las que no tienen un origen genético, no se transmitirán. Siempre la mutación es previa a la verificación de las consecuencias que tiene para la supervivencia de la especie. En otras palabras, la mutación es preadaptativa. Como trato de mostrar, hoy conocemos numerosos rasgos del proceso de evolución de los seres vivos. Este conocimiento, como todo saber científico, se ha ido forjando en el tiempo, desde los tiempos en los que no se pensaba que las formas vivas cambiasen hasta la actualidad.

En este tema, hablaré sobre las principales teorías evolutivas y la visión que actualmente se tiene de este apartado de la biología. Me basaré en el siguiente índice de contenidos... (es muy conveniente exponer con claridad, aquí al principio, el orden que se va a seguir, leer el índice de una forma ágil)

1. PRINCIPALES EXPLICACIONES Y TEORÍAS DE LA EVOLUCIÓN BIOLÓGICA

1.1. INFLUENCIAS INICIALES. LINNEO Y BUFFON.

Podríamos decir que, desde tiempos muy antiguos, la humanidad se ha planteado la pregunta acerca del origen de los diferentes tipos de seres vivos e inertes que componen el mundo natural.

Las explicaciones que, a partir de Lamarck y Cuvier en el siglo XIX, empiezan a darse sobre este fenómeno vienen influenciadas por muchos conocimientos científicos anteriores. Sería imposible citar todas las aportaciones científicas previas que nutren estas primeras teorías sobre la evolución. Por ello, he optado por explicar sólo brevemente dos de ellas: los trabajos de Linneo y de Buffon.

El trabajo más conocido de **Linneo** es el *Systema naturae*, escrito en 1735 en 11 páginas tamaño folio, cuando este científico sueco se acababa de trasladar a la Universidad de Leyden tras la defensa de su tesis doctoral. En esta obra, Linneo presenta en forma de tabla la clasificación de animales, plantas y minerales.

En esta época, la explicación más extendida de la diversidad de seres vivos era el **creacionismo**, que explica la diversidad de especies como consecuencia de un acto creador inicial de un ser divino. Esta explicación iba generalmente asociada a la convicción de que las especies vivas no cambian a lo largo del tiempo (**fijismo**).

Muchos textos ubican a Linneo como un defensor del creacionismo. Parece cierto que Linneo era profundamente religioso y que normalmente las ideas creacionistas no se cuestionaban en la época por considerarse en buena concordancia con los relatos bíblicos. También es cierto que, en un principio, Linneo pensaba que las especies no evolucionaban. No obstante, en algún momento llegó a considerar que las especies podían evolucionar por cruzamiento (los vegetales) y que esto respondía a una forma de continuación del acto creador inicial.

Buffon fue un científico francés contemporáneo de Linneo, que trabajó como director del Jardín du Roi durante 50 años. Desde allí, dirigió la elaboración de la *Histoire naturelle*, una obra que acabó teniendo 44 volúmenes y que se convirtió en uno de los textos más difundidos e influyentes de la época.

De la **obra de Buffon**, que fue extensísima a parte de esta enciclopedia, pueden extraerse algunos **puntos** que fueron **claves** para el desarrollo de las futuras teorías evolucionistas:

- el afán por fundar una disciplina científica autónomo, independiente de la teología

- la introducción del concepto de "tiempo geológico" como una magnitud que sobrepasa con mucho las dimensiones de la existencia humana

- la introducción de disciplinas como la paleontología, la zoología geográfica o la psicología animal como partes de la ciencia naturalista

- el rechazo explícito a las ideas fijistas y la previsión de muchas de las dificultades que encontraría el pensamiento evolucionista para instaurarse

Buffon, si bien pensaba que el mecanicismo era insuficiente para explicar los procesos biológicos, defendió que éstos podían explicarse en términos meramente químicos. Las moléculas orgánicas podrían formarse a partir de las inorgánicas bajo ciertas condiciones (una clara anticipación de las ideas de Oparin y del experimento de Miller). De esta forma, **eliminó la referencia a cualquier elemento trascendente o misterioso a la hora de explicar el origen de la vida**.

Buffon, en un principio, negó que las especies tuviesen un origen unitario y posteriormente, tras sus estudios sobre mamíferos pequeños y animales de América, admitió esta posibilidad.

1.2. LA TEORÍA DE LAMARCK

Lamarck fue un naturalista francés que desarrolló su actividad en las últimas décadas del siglo XVIII y primeras del XIX.

Las primeras notas sobre sus teorías evolutivas pueden encontrarse en una obra que tituló *Recherches su l'organisation des corps vivants...* (París, 1802). No obstante, en esta obra, Lamarck habla básicamente de química.

En una obra del mismo año ("*Système des animaux sans vertèbres...*") enuncia su concepto de vida y las condiciones necesarias para que aparezca, al tiempo que expresa su convencimiento de que los seres vivos no fueron creados todos en un único momento, sino que son el resultado de una evolución gradual en el tiempo. De hecho, años más tarde, Lamarck propondrá una nueva clasificación de los seres vivos basada en su historia evolutiva.

Una obra muy importante de Lamarck es la *Philosophie zoologique*, publicada en dos volúmenes en París en 1809. Ésta se divide en tres partes:

- explicación de tendencia natural a la aparición de formas vivas cada vez más complejas

- naturaleza física de la vida

- aparición de formas mentales superiores

Lamarck rechaza la idea del alma como elemento fundamental de un ser vivo y sustituye ésta por dos factores

- la fuerza vital, responsable de la tendencia a la complejidad

- los factores ambientales, a los que los organismos tratan de adaptarse, transmitiendo a la descendencia las adaptaciones que resultan ventajosas

Así, la teoría evolucionista de Lamarck se apoyaba en un postulado filosófico básico presente en la Ilustración: *"Los seres vivos están en equilibrio con el medio ambiente, de lo contrario perecen"*.

Lamarck asumía que **las funciones de los organismos existen porque hay órganos destinados a realizarlas**. De esta manera, **la función es la causa de aparición de los órganos en el proceso evolutivo.** Esta idea se apoya en la evidencia de que **el uso desarrolla el órgano y el desuso lo atrofia.**

Para Lamarck, **los individuos se esfuerzan en adaptarse a las condiciones ambientales, y este esfuerzo lleva a la aparición de formas de vida cada vez más complejas.** Acepta que la evolución no es un proceso lineal, sino que pueden producirse ramificaciones (la primera de las cuales la sitúo en la separación entre plantas y animales).

Curiosamente, Lamarck nunca empleo el típico ejemplo de la jirafa que estiraba el cuello para alcanzar las hojas más altas. Según él, la necesidad de llegar a la comida induciría una especie de "sentimiento interior" que producía el movimiento de fluidos corporales. Este movimiento, sucedido de generación en generación produciría el alargamiento del órgano.

La última gran obra de Lamarck se tituló *Histoire naturelle des animaux sans vertèbres*. Fue una obra en siete volúmenes, culminada en 1822, de la que Lamarck tuvo que dictar algunas partes por haberse quedado ciego en 1818. En ella se exponen las **ideas evolucionistas de Lamarck**, que pueden resumirse en cuatro sencillas leyes:

- la naturaleza tiende hacia formas cada vez más complejas

- la influencia del medio ayuda a la aparición de órganos nuevos

- el uso/desuso modula la estructura de los órganos

- los caracteres adquiridos se heredan

Por esta última ley, se conocen las ideas evolucionistas de Lamarck como **Teoría de los caracteres adquiridos**.

1.3. DARWIN Y SU TEORÍA DE LA EVOLUCIÓN

Charles Robert Darwin fue un importante científico inglés nacido en 1809. A sus 22 años, tras probar varios estudios, **tuvo la oportunidad de embarcarse como naturalista de un barco que iba a explorar algunas zonas de América, el *Beagle***. Este viaje duró desde el 27 de diciembre de 1831 al 2 de octubre de 1836, siendo la experiencia más importante que marcó la vida de Darwin.

Para hacernos una idea de la **intensidad del trabajo** de Darwin, comentaré algunas cifras. Durante el viaje escribió 779 páginas de diario, y 1383 notas de geología. Recogió 1529 muestras de varias especies que conservó en alcohol, y más de 3900 muestras que conservó en seco (huesos, pieles, conchas,...).

A su regreso, **compartió estas muestras y las ideas desarrolladas con numerosos expertos de diferentes campos**: las plantas se las dejó a Henslow, los peces a Leonnard Jenyns, los coleópteros a F.H. Hope, los hongos a M.J. Berkeley, los fósiles a Richard Owen, los mamíferos e insectos a George Waterhoose, los reptiles a Thomas Bell, los corales a William Londsdale,... al tiempo que mantuvo numerosas conversaciones con Lyell y J.D. Hooker. Todo ello nos da una idea del rigor que buscó en la elaboración de los postulados de su teoría.

En el desarrollo de la teoría evolucionista de Darwin, **le influyó la lectura de la obra T.R. Malthus** (*Ensayo sobre el principio de la población*) en la que se desarrolla el concepto de "economía de la naturaleza". Según esta obra la población humana crecía en progresión geométrica, mientras que los recursos lo hacían en progresión aritmética. Esto introdujo la idea de recurso limitado y ayudo a Darwin a pensar que los individuos de una misma especie luchan por la supervivencia. Nacen más individuos de los que sobreviven y es la adaptación al ambiente la que decide quiénes son estos últimos.

No se trata de un cambio para adaptarse a las condiciones, como postulaba Lamarck, sino de un cambio que existe siempre y unas condiciones ambientales que seleccionan a los individuos más aptos. Esta idea de Darwin se conoce como **selección natural**.

Cuando llevaba más de 10 años desarrollando estas ideas sobre la selección natural, Darwin se encontró con un texto de un joven científico neozelandés llamado **A.R. Wallace**. Darwin publicó el ensayo de Wallace en las actas de la *Linnean Society* de Londres en 1858, añadiendo un extracto de la obra que él estaba preparando. Aunque la obra de Wallace tuvo poco eco en la comunidad científica, fue determinante para que Darwin se apresurara a elaborar la suya, que fue publicada el 24 de noviembre de 1859 con el título *"On the origin of species by means of natural selection, or the preservation of favoured races in the struggle for life"*.

Para hacernos una idea del éxito de esta obra de Darwin y de la repercusión inmediata que tuvo en la comunidad científica, cito algunos datos. Los 1250 ejemplares de la primera edición se agotaron el primer día. Los 3000 de la segunda, en unos meses. En unos 15 años se vendieron unos 16000 ejemplares y se tradujo a los principales idiomas europeos.

Podemos resumir **la teoría de Darwin** en seis postulados:

- la cantidad de individuos de una especie que es tolerada por un medio permanece más o menos constante

- existe una tendencia a la superproducción de individuos nuevos

- la mortalidad intraespecífica es muy alta

- los individuos de una misma especie difieren en muchos rasgos

- algunos individuos presentan caracteres que les permiten adaptarse mejor al medio, por lo que sus probabilidades de reproducción serán mayores

- los caracteres se transmiten de padres a hijos

1.4. LA TEORÍA SINTÉTICA DE LA EVOLUCIÓN

Una mejora importante de la teoría evolucionista de Darwin vino de la mano de Dobzhansky y algunos colaboradores. Se trata de un científico ruso que emigró a EEUU y colaboró con la escuela de Morgan, aplicando numerosos conocimientos de la genética a la evolución de los organismos.

Realizó importantes observaciones en el campo de la genética citológica, como el hecho de encontrar la disposición lineal de los genes en los cromosomas. Posteriormente, trató de relacionar estos conocimientos con la distribución geográfica de algunas especies, llevándole a indagar sobre los mecanismos de aislamiento genético entre especies hermanas.

En 1936, Sturtevant y Beadle publicaron un trabajo en el que mostraban cómo la filogénesis de *Drosophila* se podía reconstruir mediante la observación de una serie de inversiones cromosómicas.

Al año siguiente, Dobzhansky publicó una de las obras más importantes en la historia de los estudios evolutivos. Se titulaba *Genetics and the origin of species*. En esta obra se hacía una síntesis de numerosos estudios genéticos realizados en laboratorios de todo el mundo durante 35 años. En ella se incluían también los estudios estadísticos de Fisher y la teoría de Haldane y Wright. La **principal conclusión** de la obra de Dobzhansky fue mostrar una **conexión profunda entre la teoría mendeliana de la herencia y la teoría de la evolución de Darwin.**

Dobzhansky mostró como en la naturaleza se producen mutaciones a un ritmo casi diario y estas experimentan la presión selectiva del ambiente. En 1959, por ejemplo, publica un trabajo en el que muestra la existencia de mutaciones genéticas que son letales para la especie, es decir, en las que la presión selectiva impide no sólo la reproducción sino la vida del individuo. Estas mutaciones no tendrían ninguna permanecer en el acervo genético de la especie.

1.5. ALGUNAS APORTACIONES RECIENTES

La teoría neutralista de la evolución molecular (Motoo Kimura, 1983) defiende que gran parte de la variabilidad genética (~90%) no está sometida a la selección natural, sino que es neutra desde el punto de vista selectivo. Ello puede ser debido a que se trata de mutaciones que afectan a regiones del genoma que no se traducen o que no afectan a la velocidad de expresión. En muchos casos, también, puede tratarse de regiones del genoma que se traducen pero que no cambian el tipo de aminoácido codificado (el caso más frecuente son las variaciones del tercer nucleótido de un triplete). En ocasiones puede darse el caso de variaciones entre aminoácidos que no afectan para nada a la estructura y función proteica final (por ejemplo, el cambio de una leucina por una isoleucina).

La teoría puntualista (Stephen Jay Gould) propone que la evolución no es dirigida principalmente por mutaciones graduales en el tiempo sino que va "a saltos", es decir, existen épocas particularmente propicias para el despliegue de fenómenos mutagénicos. Este gran pensador de la evolución biológica propone, entre otras cosas, que han existido épocas con una diversidad de patrones estructurales muy superior a la actual.

2. PRUEBAS DE LA EVOLUCIÓN

Citaré una serie de evidencias que constituyen el respaldo experimental de un hecho bastante consolidado en la interpretación científica de los seres vivos: *se trata de organismos que han variado a lo largo del tiempo, seres que, conservando una uniformidad enorme en cuanto a su composición química fundamental, se nos muestran en una gran variedad de formas y grupos.*

- **Pruebas paleontológicas:** La mayoría de los fósiles se encuentran en rocas sedimentarias, cuyo orden cronológico puede interpretarse como un libro en el que cada "página" (estrato) presenta inscrito las especies que habitaron en cada momento. El registro fósil constituye un conjunto valioso de pruebas para la teoría de la evolución. Algunos libros de texto hablan de cómo el registro fósil nos muestra la creciente complejidad en el tiempo de las formas vivas. Esto no parece cierto (ver S.J. Gould, 2004) según los datos actuales. Existieron épocas en la historia de la vida en las que la diversidad de patrones estructurales fue mucho mayor que en la actualidad. Esto puede verse, por ejemplo, en los yacimientos de *Burgess Shale* de principios del Cámbrico.

No podemos olvidar que la paleontología presenta aún grandes lagunas debido a que no todos los organismos pueden fosilizar, el registro fósil es incompleto, y los procesos metamórficos y magmáticos han ido destruyéndolo en parte. No obstante, la paleontología ha permitido formular series filogenéticas (conjunto de fósiles que se pueden ordenar de más antiguos a más modernos, como el caso de la evolución de los équidos encontrados en series sedimentarias norteamericanas de la Era Terciaria, donde se aprecia entre otras cosas la reducción de los dedos laterales) y hallar formas intermedias (como los fósiles de calizas silúricas de *Arqueonites*, con características intermedias entre reptiles primitivos y aves).

- **Pruebas biogreográficas:** Si la evolución es unmmecanismo real, cabría esperar que las diferencias entre los organismos de dos regiones diferentes serán mayores cuanto más distanciadas se encuentren. Un caso muy famoso en el que se da esto son los pinzones que Darwin describió en las Islas Galápagos. Al quedar aisladas poblaciones (procedentes del continente sudamericano) de pinzones en las diferentes islas, se diferenciaron diversas especies especializadas en diferentes tipos de alimentación. Por tanto, cada zona aislada posee una diversidad biológica (manifestada en la forma del pico, en la longitud del tubo digestivo, en sus hábitos de comportamiento,...). Este fenómeno es explicable mediante la evolución.

- **Pruebas anatómicas:** Se basan en la comparación morfológica de órganos de distintas especies.

  Denominamos **órganos homólogos** a los que presentan un mismo origen embriológico, pero cuya forma y función puede variar entre especies (ejemplo, extremidad anterior de quirópteros y cetáceos). La existencia de estos órganos se debe a un proceso de **evolución divergente o radiación adaptativa.** Las especies con órganos homólogos provienen de un antepasado común en el que la adaptación a diferentes ambientes ha modificado la función y forma externa del órgano.

  Por otro lado, tenemos los **órganos análogos.** Son aquellos que, aunque presentan orígenes embriológicos distintos, desempeñan una misma función (por ejemplo, las alas de un lepidóptero y las de un ave). En este caso, hablamos de **evolución convergente,** para referirnos al proceso que ha originado estos órganos.

  En este contexto, podríamos hablar de otro tipo de órganos, los **órganos vestigiales**. Estos son órganos residuales sin función aparente en el individuo actual, pero que hablan del origen filogenético de la especie. (ej: restos de cintura pelviana en delfines, indican su procedencia de un tetrápodo anterior, la gran longitud del intestino humano parece indicar la presencia de un antepasado herbívoro,...)

- **Pruebas embriológicas:** El estudio de los procesos embrionarios de especies distintas revela importantes semejanzas. Este tipo de estudios fue muy desarrollado por Haeckel en la segunda mitad del siglo XIX. Este autor enunció un principio que denominamos Ley Biogenética Fundamental y que dice así: "*La ontogenia recapitula la filogenia*". Es decir, durante el desarrollo embrionario, encontramos en un organismo muchas características morfológicas de las que sus antepasados adultos han presentado en la evolución. En consonancia con este principio, encontramos también la evidencia de que las fases embrionarias de dos especies diferentes se parecen más entre sí que los individuos en edad adulta. Es por ello que muchas veces el rasgo definitorio de un grupo animal es un rasgo que éste presenta en sus formas embrionarias, aunque desaparezca en muchos de sus miembros en la edad adulta (ejemplo, la presencia de notocorda como rasgo definitorio del filum cordados).

- **Pruebas bioquímicas:** No sólo son semejantes las estructuras macroscópicas como órganos, tejidos,... El hecho de que dos organismos hayan desarrollado la misma serie de reacciones químicas para obtener energía de la glucosa, por ejemplo, es una clara evidencia de su historia común. Son numerosas las coincidencias de rutas, enzimas, localizaciones, velocidades, puntos de control,... de los procesos metabólicos entre especies diferentes. Por ejemplo, el emplear nucleótidos trifosfato (especialmente ATP) como reservorio de energía química, la similaridad entre complejos enzimáticos como la piruvato deshidrogenasa, el emplear un mismo material químico (el ADN) como soporte de la información genética y unas herramientas muy similares para realizar su expresión (ARN$_t$, ARN$_i$, ARN$_m$, ribosomas, *spliceosomas*,…)

- **Pruebas serológicas:** Mediante el uso de anticuerpos podemos detectar rasgos bioquímicos muy similares entre dos especies diferentes. Podemos ver cuán parecidas son a nivel molecular dos especies que difieren probablemente en muchos rasgos macroscópicos. Esta herramienta ha aportado pruebas muy valiosas a favor de la evolución biológica.

- **Pruebas genéticas:** No sólo la molécula que soporta la información genética es similar, en el sentido de conservar un esqueleto de desoxirribosa-fosfato y un conjunto de bases. En muchas ocasiones, la secuencia de estas bases es muy similar, lo que indica que construyen proteínas similares. La comparación entre dos secuencias de un mismo gen proveniente de dos especies diferentes, el grado de alineamiento de estas secuencias, nos da una idea de su parentesco evolutivo.

En este plano genético, llama sorprendentemente la atención que, exceptuando el caso de muchas arqueobacterias, el código genético es idéntico para todo el mundo vivo. Es decir, la secuencia UAA en el ARN$_m$ siempre indica final de la transcripción, la secuencia UCU siempre implicará la adición de una serina a la cadena naciente,... Esta coincidencia de mecanismos moleculares tan básicos aboga fuertemente por un origen común.

- **Estudio de los parásitos:** En muchas especies, puede detectarse una evolución de parásito y huésped similar, en respuesta a determinados cambios ambientales (ejemplo, aves y sus parásitos del orden Mallophaga).

3. MECANISMOS DE LA EVOLUCIÓN

La evolución actúa a nivel poblacional. Una población es un conjunto de individuos de la misma especie que coexisten en el tiempo y en el espacio, soportando por tanto condiciones ambientales muy similares. No obstante, siempre existe cierto grado de polimorfismo tanto a nivel genotípico como fenotípico.

Si en suponemos que en esta población existen las siguientes condiciones,...

- que todos los individuos puedan aparearse al azar (condición denominada, por algunos autores, panmixia)
- el número de individuos es elevado y se mantiene constante generación tras generación
- no actúa sobre ella la selección natural
- no actúan sobre ella fenómenos de mutación génica

... diremos que la variabilidad genotípica se mantendrá constante de generación en generación.

Este principio se conoce como Ley de Hardy-Weinberg.

En la naturaleza, evidentemente, no se cumple este principio. Si se cumpliese, no podría darse variación en la distribución genotípica de una población, en otras palabras, no existiría evolución. No obstante, por muchas razones, este equilibrio no se cumple, las poblaciones varían genotípicamente, es decir, existe la evolución biológica.

Podemos citar una serie de factores que modifican el equilibrio de Hardy-Weinberg, es decir, que constituyen el motor de los procesos evolutivos.

1. Mutaciones: Los genes pueden experimentar mutaciones que si son transmitidas a las siguientes generaciones, pueden alterar el equilibrio genético de estas. Las mutaciones, según la adaptación al ambiente que confieren, pueden ser beneficiosas, perjudiciales o neutras. Según la intensidad, tamaño de la zona del genoma afectada, las mutaciones pueden ser puntuales (afectan a un solo gen) o cromosómicas (alteran la estructura de los cromosomas, afectando a múltiples genes).

2. Recombinación: Las tasas de mutación son por lo general bajas (10^{-4}-10^{-9}) y por sí solas no permitirían explicar toda la variabilidad genética generada en una población. Un proceso que contribuye enormemente a esta variabilidad es la recombinación meiótica. En la producción de cada gameto, un juego elegido al azar de cromosomas (conteniendo un miembro de cada pareja de homólogos) es incorporado, favoreciéndose de este modo que los futuros descendientes presenten rasgos genéticos diferentes entre sí.

3. Migración: en una población pueden entrar individuos procedentes de otra, portando alelos que posiblemente no existan en la población original. De forma inversa, algunos alelos poco frecuentes en la población pueden desaparecer si emigran aquellos individuos que los poseían.

4. Selección: puede darse por mecanismos naturales o artificiales. Decimos que una determinada característica es seleccionada a favor cuando los individuos que la poseen tienen en promedio más descendientes que el resto. Puede definirse un coeficiente, que suele ir entre 0 y 1, denominado eficiencia biológica asociado a cada alelo de un determinado gen. De esta forma, los alelos seleccionados a favor tienen valores de eficiencia biológica próximos a 1, mientras que los seleccionados en contra tienen valores cercanos a 0.

5. Tamaño de la población y deriva genética: Un determinado alelo tiene mayor o menor importancia poblacional dependiendo de su abundancia relativa. Si un pequeño grupo de individuos se separa de la población inicial, sus genes habrán ganado importancia relativa al estar en una población de menor tamaño. Si, por ejemplo, este grupo de individuos que se separa, se establece en una zona con abundantes recursos y puede proliferar con facilidad, algunos alelos poco abundantes en la población inicial ganarán importancia. Es importante señalar que no estamos hablando de que un alelo se abre paso por la ventaja selectiva que aporta, sino por la importancia estadística que adquiere. Este fenómeno se conoce también como efecto Wright o efecto fundador.

4. CONCLUSIÓN.

En este tema he tratado de ilustrar las principales explicaciones científicas que históricamente se han dado sobre el hecho evolutivo. Desde los precursores de Lamarck hasta las aportaciones recientes de Stephen Jay Gould o Motoo Kimura, pasando por Lamarck, Darwin y Dobszhansky.

Actualmente, los conocimientos sobre este tema son amplísimos. Una de las formas más recientes de pensar la evolución biológica, basada en una documentadísima experiencia, la expone Stephen Jay Gould en su última obra maestra. Su libro titulado "La estructura de la teoría de la evolución" (2004) constituye sin duda la aproximación más reciente y documentada de este fenómeno. Evidentemente, su estudio requiere una dedicación e intensidad que se escapa posiblemente de los requerimientos de este examen.

Mi exposición ha continuado exponiendo las pruebas clásicas en las que se apoya actualmente la evolución y los principales mecanismos que, rompiendo el equilibrio de Hardy-Weinberg, permiten la variación de las frecuencias alélicas y la consolidación de ciertos caracteres de generación en generación.

Con esto doy por concluido el tema, agradeciendo la atención prestada.

Bibliografía útil:

DRAGONI, G. ; BERGIA, S. y GOTTARDI, G. (2004) "Quién es quién en la ciencia" (Vols. I y II), Ed. Acento

GOULD, S.J. (2004) "La estructura de la teoría de la evolución", Ed. Tusquets

DOBZHANSKY, T. y cols. (1993) "Evolución", Ed. Omega